事例でみる

住み続けるための減災の実践

暮らし・コミュニティ・風景を
地域でつなぐ手法

鈴木孝男　菊池義浩　友渕貴之
後藤隆太郎　下田元毅　林和典　江端木環　編著

沼野夏生　浅井秀子　岡田知子　佐藤栄治
本塚智貴　田澤紘子　田中暁子　澤田雅浩　著

学芸出版社

本書は「一般財団法人住総研」の 2024 年度出版助成を得て出版されたものである。

まえがき

　災害を力で押さえ込もうとする頑強な構造物、それらによって日常風景が一変することに違和感を抱く人は少なくない。災害に備えつつ、いかにして次世代に地域をつなぐべきか、そのための「減災」とはどのようなものか、このような現状に疑問を持ち未来をポジティブに考えようとする創造力があるからこそ、皆さんはこの本を開いたのではないだろうか。

　本書の目的は、これまでに被災した各地でのフィールドワークと議論を踏まえ、減災に通じる実践、その実例を皆さんと共有することである。我々は、国土の強靭化やひとつの構造物の設計ではなく、人々が集まって暮らす地域や居住地、自然と関わる生業のある集落の持続を目指す研究者であり、より良い減災の取り組みとは、地域や集落をより強く美しくし、同時にまた、人々の暮らしに活力を与え、地域社会の持続に貢献するものと考えている。そんな都合の良い実践や手法があるのか？と疑問を持つかもしれないが、本書には多数のそうした実例が収録されている。

　そもそも日本は火山とともにある島国で、梅雨や積雪をともなう四季があり、時に厳しい自然と向き合わねばならず、その自然と暮らすための無数の知恵が存在する。それらは、我々日本人にとっては普通の風景であっても、外国の人々に「amazing!」と言わしめる魅力がある。それは理念ではなく、「実践」を積み重ねた総体があるからであろう。したがって、本書では、地域や集落、各々の風土、社会背景なども含めて記述することで、一つひとつの事例をリアルに紹介するように努めた。

　本書で紹介する事例の多くは月刊雑誌「ニューライフ」での連載「しなやかに災害と付き合う知恵」で紹介していたもので、著者陣が深く関わってきた地域が多い。本書のために改めて研究者としての観点に加え、実際に被災現場に関わるであろう自治体の防災・地域づくり部局の職員、地域づくりの最前線で働く方々にとって、それぞれの状況ごとに、また「減災」の可能性や対応範囲の広さが理解できるよう、できるだけ具体的に書くよう工夫した。また、住民、学生、まちづくりの専門家など、現場に関わるあらゆる方々にもわかりやすいよう、平易な言葉遣いを意識した。このような本書は全体を俯瞰しつつ順序だてて理解を進めることもできるし、興味のままに事例や実践を選んで気楽に読んでいただいてもよい。いずれにしても、現場を歩き、場所や人と対話し、他の地域にも参考になる減災の手法を考え続けてき

た我々ならではの内容になっている。

　昨今の状況から「災害は身近に起こりえる」と言える。各地で住み続けるためには、自然や災害としなやかに付き合うこと、つまりは減災の理論とその実践が大切であり、それは私たちの文化、生活のアイデンティティの醸成に通じると言っても言い過ぎではない。本書で自然とともにある地域や営みに触れることが、皆さんの地域での減災、暮らし、コミュニティの持続を考え、未来をつくる実践のきっかけになれば幸いである。

2024 年 8 月

著者代表　後藤隆太郎

目次

まえがき　後藤隆太郎 ……………………………………………………3

本書で紹介する事例 …………………………………………………8

序章　日本の多様な自然環境と災害の関係性　鈴木孝男・後藤隆太郎 ……10

1章　各地で培われた日常的な災害への備え …………………14

1-1　かわす

01 ビルトインしたセルフ型シェルター　林和典 ……………………16
アガリヤ（水害対策）／和歌山県熊野川流域

02 微地形を掘って盛って浸水に備える　後藤隆太郎 ……………20
クリーク集落（敷地の浸水対策）／佐賀平野

03 出作り文化が育むしなやかな住まい方　沼野夏生 ……………24
出作り集落（豪雪対策）／福井県大野市打波地区

1-2　やわらげる

04 季節風から家屋を守る人工の森　浅井秀子 ………………28
築地松（風害対策）／出雲平野

05 強風と日差しから集落を守る垣根　江端木環 ……………32
間垣（潮風・遮熱対策）／石川県輪島市上大沢集落

06 厳冬を乗り切るための住宅を守る茅柵　鈴木孝男 ……………36
かざらい（寒風雪対策）／山形県飯豊町

1-3　しのぐ

07 風に呼応する石のカタチ　下田元毅 ……………………40
石垣（風対策）／愛媛県西宇和郡伊方町

08 生業と共に発展した延焼を防ぐ家の設え　下田元毅 …………44
うだつ（防火）／徳島県美馬市脇町

09 私有地を提供し合ってつくる歩行空間　鈴木孝男 ……………48
とんぼ（防雪・遮光）／新潟県阿賀町津川

10 水との戦いの中で生み出された創意と工夫　岡田知子 …………52
輪中（水害対策）／濃尾平野

2章 大規模な災害復興で見られたしなやかな対応······56

2-1 地域力が活かされた応急対応・滞在避難

01 ご近所交流が育んだ一時的な自宅避難所 友渕貴之 ······58
東日本大震災 (2011 年)／宮城県気仙沼市唐桑町大沢地区

02 避難所の 6 ヵ月に見られた共助と配慮 佐藤栄治······64
東日本大震災 (2011 年)／宮城県南三陸町

03 住民の発案で民間宿泊施設を避難所に 本塚智貴······70
紀伊半島豪雨 (2011 年)／和歌山県東牟婁郡那智勝浦町

04 住民主体による仮設の災害対応拠点 本塚智貴 ······76
ジャワ島中部地震 (2006 年)／インドネシア・ジョグジャカルタ

2-2 復旧と復興に向けたビジョンをつくる

05 生業景を受け継ぐ復興計画 菊池義浩······82
北但馬地震 (1925 年)／兵庫県豊岡市城崎温泉

06 現地再建で再形成されるコミュニティ 田澤紘子······88
東日本大震災 (2011 年)／宮城県仙台市若林区三本塚地区

07 住宅再建に向けて変わる住民意識 佐藤栄治 ······94
東日本大震災 (2011 年)／岩手県釜石市箱崎町箱崎地区

08 集落の核としての公民館 田中暁子······100
東日本大震災 (2011 年)／岩手県大槌町吉里吉里地区

09 火災への備えで街の賑やかさを取り戻す 鈴木孝男 ······106
糸魚川大火 (2016 年)／新潟県糸魚川市

2-3 平時のまちづくりに取り込む

10 津波の記憶を継承する 田中暁子 ······112
東日本大震災 (2011 年)／岩手県宮古市田老町

11 楽しみながら山と付き合い集落を守る 澤田雅浩 ······118
丹波豪雨被害 (2014 年)／兵庫県丹波市

12 まちづくり活動を創出する復興建築群 菊池義浩 ······124
北但馬地震 (1925 年)／兵庫県豊岡市

13 暮らす人と関わる人の相互補完関係をつくる 澤田雅浩 ······130
新潟県中越地震 (2004 年)／新潟県長岡市ほか

3章 将来に向けた持続的な減災の取り組み ……………………… 136

3-1 事前に復興の手立てを考える

01 被災を前提として町の資源と未来をつくる　後藤隆太郎 ……………… 138
津波避難タワー・防災ツーリズム／高知県・徳島県

02 有事の行動計画を水から考える　下田元毅 …………………………… 144
ポッチ de 流しそうめん／三重県尾鷲市九鬼町

3-2 地域全体で教訓を継承する

03 復興への原動力となった郷土芸能　岡田知子 ………………………… 150
獅子振り／宮城県牡鹿郡女川町

04 災害伝承媒体としてのインフラと祭り　林和典 ……………………… 156
津浪祭／和歌山県有田郡広川町

05 度重なる被災経験から生まれた年中行事　菊池義浩 ………………… 162
千度参り／兵庫県豊岡市田結地区

06 模型を活用したふるさとの記憶の見える化　友渕貴之 ……………… 168
「失われた街」模型復元プロジェクト／被災各地

3-3 次世代の担い手を育てる

07 子ども復興計画から始まる地域づくり　鈴木孝男 …………………… 174
ぼくとわたしの復興計画／宮城県東松島市赤井地区

08 絵地図づくりを通した郷土愛の醸成　江端木環 ……………………… 180
あこう絵マップコンクール／兵庫県赤穂市

09 次世代に思いを繋ぐ若者の語り部活動　友渕貴之 …………………… 186
語り部活動／宮城県気仙沼市

終章 減災の社会実装に向けて　友渕貴之・菊池義浩 ……………… 192

あとがき　鈴木孝男 ………………………………………………………… 199

本書で紹介する事例

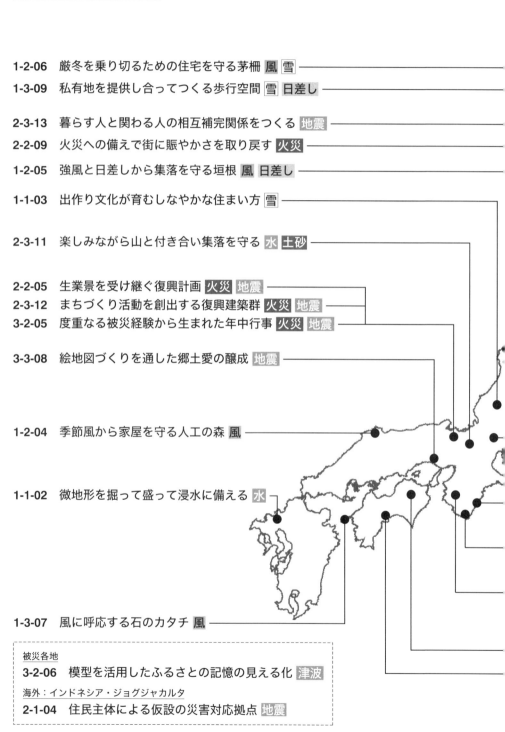

- 1-2-06　厳冬を乗り切るための住宅を守る茅柵　風 雪
- 1-3-09　私有地を提供し合ってつくる歩行空間　雪 日差し
- 2-3-13　暮らす人と関わる人の相互補完関係をつくる　地震
- 2-2-09　火災への備えで街に賑やかさを取り戻す　火災
- 1-2-05　強風と日差しから集落を守る垣根　風 日差し
- 1-1-03　出作り文化が育むしなやかな住まい方　雪
- 2-3-11　楽しみながら山と付き合い集落を守る　水 土砂
- 2-2-05　生業景を受け継ぐ復興計画　火災 地震
- 2-3-12　まちづくり活動を創出する復興建築群　火災 地震
- 3-2-05　度重なる被災経験から生まれた年中行事　火災 地震
- 3-3-08　絵地図づくりを通した郷土愛の醸成　地震
- 1-2-04　季節風から家屋を守る人工の森　風
- 1-1-02　微地形を掘って盛って浸水に備える　水
- 1-3-07　風に呼応する石のカタチ　風

被災各地
- 3-2-06　模型を活用したふるさとの記憶の見える化　津波

海外：インドネシア・ジョグジャカルタ
- 2-1-04　住民主体による仮設の災害対応拠点　地震

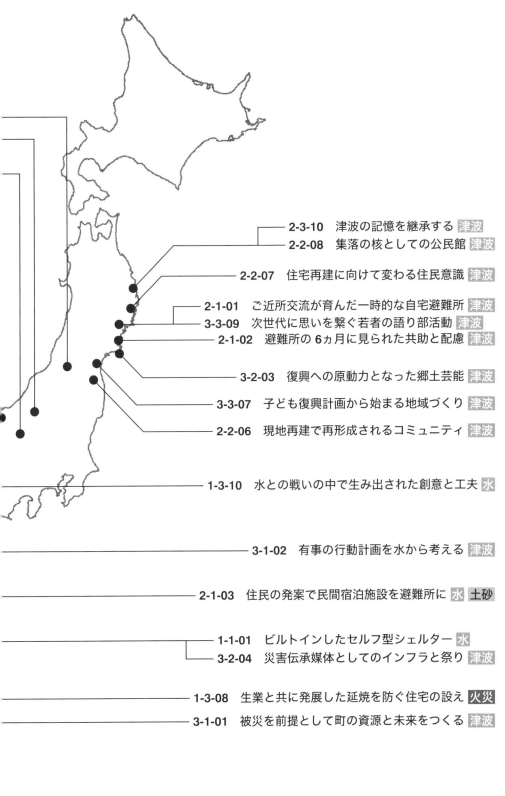

序章
日本の多様な自然環境と災害の関係性

鈴木孝男・後藤隆太郎

1 災害と共存する多様な集落

　日本の国土はその特性上、自然災害リスクと常に隣り合わせの状態にある。居住を継続するためには、自然、地形、気候、風土と折り合いをつけ、たくましく災害と共存するしかなく、その中で豊かな文化と美しい景観や生活空間を生み出してきた。日本の農山漁村は、数多の災害経験と地勢上の営みが融合された結果、住民の経験、知恵、能力を駆使し、長い年月をかけて地域固有の減災の手法を開発し、災害への防御力を高めてきたのである（図1）。そこには、人と自然、人と生業のダイナミックな関係や、人々の生き方そのものが現れている。

2 地域の特性に応じた多様な減災の手法

　災害は、風害、水害（津波・豪雨・洪水）、地震、雪害、火災と多様である。複合

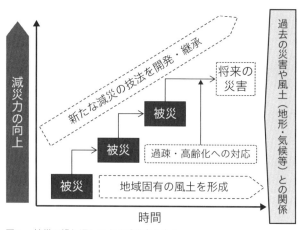

図1　被災の繰り返しによる減災力の向上

的に襲ってくるケースも珍しくなくなった。伝統的な減災の手法は、町や里（集落、農地）といった住環境の構造、山、川、海といった自然環境、さらには沿岸部、低平地・河川流域、中山間部といった立地や地形と深くつながっており、それぞれの状況ごとに成立要件が違っている。現代であっても住環境の多様さは変わらないため、今日の減災まちづくりも多様であることが普通であると認識する必要がある。地域の特性にそぐわない減災の手法を採用してしまえば効果が期待できない可能性が高く、注意が必要である。地域の特性を読み取り認識することが重要なのである。本書では全国各地の事例を紹介するため、地域の特性と減災の手法の相関関係を感じとっていただきたい。

3　文脈を裁ち切らない、しなやかな復興計画と住民参加

　私たちの記憶に新しいところでは、阪神・淡路大震災（1995年）、新潟県中越大震災（2004年）、東日本大震災（2011年）、熊本地震（2016年）、能登半島地震（2024年）が挙げられよう（表1）。

　大規模な災害により壊滅的被害を受けた被災集落では速やかに復旧事業が始まり、住宅の再建では被災前の日常を取り戻すための復興まちづくりに取りかかる。被災地の自治体では、復興計画が策定される。復興計画の策定では、住民の想いを集約し復興計画に反映していくことが重要である。この作業をどれだけ徹底できたかの違いによって、後々の合意形成などに影響を及ぼす。スピードが求められる状況ではあるが、行政だけで主導し表面的な進行のみを急ぐのではなく、十分な住民参加により地域の文脈を継承した復興計画を策定していくしなやかな対応が不可欠である。

4　少子高齢化に対応した持続可能な集落の未来

　災害が甚大化し各地で多くの被害が生じている今日、減災に対する意識や関心が高まってきている。気候変動の影響を受け、線状降水帯による豪雨災害は毎年のように被害が発生している。糸魚川市大規模火災（2016年）や能登半島地震（2024年）では市街地火災の恐怖を我々にもたらした。地域に合った減災の手法は今後より求められてくるだろう。

　しかし、少子高齢化が進む多くの農山漁村においては、暮らしを維持すること自体に様々な課題を抱えている。減災の手法を含む地域固有の文化を失わないために

表 1 最近の自然災害の一覧

発生日	災害名	死者・行方不明者	負傷者	全壊・全焼	半壊・半焼床上浸水
1995.1.17	阪神・淡路大震災	6,437 人	43,792 人	104,906 棟	144,274 棟
1998.10.10-10.13	令和元年東日本台風	121 人	388 人	3,263 棟	30,004 棟 7,710 棟
2000.3.31-6.28	平成 12 年有珠山	0 人	0 人	119 棟	355 棟
2004.10.23	新潟県中越地震	16 人	4,805 人	3,184 棟	13,810 棟
2005.12-2006.3	平成 18 年豪雪	152 人	2,145 人	18 棟	28 棟 12 棟
2011.3.11	東日本大震災	18,551 人	6,223 人	123,955 棟	282,939 棟
2011.8.30-9.5	平成 23 年台風 12 号	98 人	113 人	380 棟	3,159 棟 5,499 棟
2016.4.16	平成 28 年熊本地震	273 人	2,809 人	8,667 棟	34,719 棟 114 棟
2016.12.22	糸魚川市大規模火災	0 人	17 人	120 棟	5 棟 部分焼 22 棟
2018.6.18-7.8	平成 30 年 7 月豪雨	271 人	449 人	6,783 棟	11,342 棟 6,982 棟
2018.9.6	北海道胆振東部地震	43 人	782 人	469 棟	1,660 棟
2019.10.10-10.13	令和元年東日本台風	121 人	388 人	3,263 棟	30,004 棟 7,710 棟
2023.9.7-9.9	令和 5 年台風第 13 号	3 人	21 人	19 棟	1,778 棟 794 棟
2024.1.1	令和 6 年能登半島地震	263 人	1,319 人	8,415 棟	21,112 棟 6 棟

（出典：内閣府「最近の主な自然災害について」（令和 6 年 6 月 14 日現在）をもとに作成）

は、集落そのものを維持し、世代を超えて継承するための新たな手立てが必要となっている。

すでに直面している具体的な課題としては、高齢化率の高い集落の増加と、要支援者へ対応できる担い手の不足があり、震災の種類を問わず、高齢者の犠牲者が大半を占めるという非常に深刻な結果が出ている（図2）。国際社会化に伴う外国人の増加による多文化共生社会への対応や地縁の弱体化による地域の支え合い力の低下は、避難や復旧の遅れをもたらしている。

5 本書の構成

本書の構成は、1〜3章からなる。全体を通して、減災の手法の地域の特性を捉え、誕生から普及までの過程を整理していくことで、将来にわたって減災力を維持して

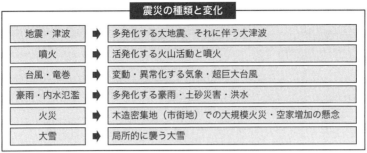

図2　激甚化する自然災害と高齢化社会の関係

いくための体制やシステムの再構築を目指す内容になっている。その他必要に応じて、空間デザイン、プロセスデザイン、実施・管理の体制・組織、外部支援、連携、制度・協働にも言及している。

　1章では、各地で培われた伝統的かつ日常的な災害への備えについて、自然災害を「かわす」「やわらげる」「しのぐ」の視点で節を構成し、それぞれで減災の事例を紹介していく。2章では、大規模な災害復興で見られたしなやかな対応を取り上げ、①地域力が活かされた応急対応・滞在避難、②復旧と復興に向けたビジョンをつくる、③平時のまちづくりに取り込む、の3段階の復旧・復興のフェーズに整理した。3章では、将来に向けた持続的な減災の取り組みのうち、特に不可欠な要素である住民の災害への意識を醸成する点に注目しつつ、①事前に復興の手立てを考えること、②地域全体で教訓を継承すること、③次世代の担い手を育てること、の3つの視点で整理している。

　こうした事例の整理により、本書では、近年の災害を経て変化している集落の新しいかたちに焦点を当て、災害としなやかに付き合う知恵と手法を読み説いていく。そして、これからの減災まちづくりに活かせるヒントを整理し、地域のコンテクストを断ち切らない、しなやかな減災の実践的な手法を、どう現代の社会に組み込んでいくかについて示したい。

1章
各地で培われた日常的な災害への備え

1-1　かわす　　　　　　　…p.16
1-2　やわらげる　　　　　…p.28
1-3　しのぐ　　　　　　　…p.40

01 ビルトインしたセルフ型シェルター
アガリヤ（水害対策）／和歌山県熊野川流域
林和典

　険しい山々の連なる熊野川流域では、河川は重要な交通路として機能してきた。人の移動だけでなく、山で切り出された木材から生活物資に至るまで運搬されるなど、河川は生活に欠かせないものであった。一方、熊野川流域には年間降水量4000mmを超えるエリアが存在する日本有数の多雨地域であり、昔から河川の氾濫や土砂崩れなどの水害に見舞われてきた。水の恩恵を得るため河川の近くに住みながらも、人や物を水の脅威から守るために、熊野川流域では「アガリヤ」という建物が建てられた。アガリヤは、大雨の際に浸水する低地に建つ母屋に対して、浸水しない高さに位置する小屋のような建物である。普段は家具や生活物資、商品などを入れておく倉庫としての役割を持つが、大雨により集落が浸水した際には商品を避難させ、住民も避難するシェルターとしての役割を果たす。

診療所
GL±0▼

度重なる水害経験が生んだ私設避難所

　和歌山県田辺市本宮町伏拝の萩は、熊野川の水運の中継地であり、熊野古道を往来する参詣者も多く立ち寄る集落であった。宿屋や食堂に加え、集落内で何でも揃うほど多くの店が立ち並ぶ、活気のあるまちであったが、ダム築造による水運の途絶と、対岸への国道付替により人の往来が減少し、かつての賑わいは影を潜めている。萩は支流の三越川との合流地点に位置し、水害に長い間悩まされてきた。

　アガリヤは、集客地である熊野古道に面した低地の店が、大雨で商品を浸水させないために高台に建設した倉庫兼避難所であった（図1、2）。所有者は店だが、集落の人なら誰でも避難することができた。台風のたびに避難し、多いときは年3回も避難するため、過剰に高い立地だと人や物の避難に難儀する。萩で最高水位を記録した昭和28年の水害で約2mであったが、アガリヤは低いもので3.6m、高いものは6.3mも母屋より高い位置にある。幾度も水害に見舞われ、改善を繰り返した結果、人や物の避難は容易だが浸水しない程良い高さにアガリヤを建設するに至った。

図1　萩の地図（出典：地理院地図とGoogle Mapをもとに筆者作成）

図2　萩の鳥瞰写真（撮影：下田元毅）

アガリヤのすぐ下の診療所の住民は非常に注意深く、水が来た際には2階の窓から裏庭へ出て、アガリヤへ逃げられるように常に梯子を用意していた（前頁図）。

現在のアガリヤ

現在は公的な避難所が確保され、アガリヤを保有する人が減少している。萩に残る2軒のアガリヤは賃貸住宅となり、2011年の水害で住民は公的な避難所である公民館や小学校へ避難した（図3、4）。萩の下流にある日足にもかつては多くのアガリヤが存在したが、現在はひとつも残っていない。日足は旧役場のあった中心地であり、公的な援助があるからこそ自分で避難場所を確保する考えが薄れたのかもしれない。

災害を受け止め素早く行動するために

現在は治水が進み、河川がまるで氾濫しないかのように見えるが、今も昔も変わらず数年、数十年に一度は氾濫し、大きな被害をもたらしている。都市部では避難勧告が出ても日常とかけ離れた事態に危機意識を持てず、避難行動を起こしにくいことが知られている。アガリヤは倉庫として日常的に利用するため、水害が発生したときでも普段と同じように動き避難することができた。「災害は忘れた頃にやってくる」と言うように、普段から災害に対する意識を持つことが重要である。

アガリヤのように、自分で所有・管理・利用を行う避難装置は、公的機関が設置する避難所と異なり、水害に対する意識を醸成する。日常の暮らしの延長線上に災害発生後の非日常の暮らしをシームレスに繋げることが、災害に対するしなやかさを生むのではないだろうか。

図3　アガリヤA（日用品店）(撮影：松井俊颯)

図4　アガリヤB（食料品店）

02 微地形を掘って盛って浸水に備える
クリーク集落（敷地の浸水対策）／佐賀平野　　　　　　　後藤隆太郎

　佐賀の低平地では、2019年と2021年の記録的豪雨により一部地域で浸水被害があった。特に残念なことは最近の住宅地が浸水し、入居して間もない住宅の浸水被害が確認されたことだ。これは、水が溜まりやすい低平地の理を軽んじていたからではないか。未然に止められなかったことについて、不動産、設計者、施工者、行政、居住者、みんなが真剣に考えなければならない。

　クリーク集落は、近世以前に成立した歴史的な存在であるとともに、平野部や低平地に住む現代の我々に示唆を与える「住まい方」である。浸水や洪水の備えが不可欠な低平地では、周囲に対してわずかでも「微高地」に住むことが優位であり、そのために水路を掘って、その土で敷地を盛り上げていたと考えられる。水路とともにある集落のかたちには、シンプルかつ理にかなった人々による減災の実践を読み取ることができる。

周囲に水路を掘って土を盛って敷地を高める低平地の住まい方

佐賀平野には、水路（クリーク）が曲がりくねり、幅が変化する「クリーク集落」を見ることができる。多数の水路が密度高く集落に入り組んでいる（前頁図）。一見、平坦に感じられる集落であるが、家々の地盤高さを調べると、周辺の農地よりも20cmから50cm程度とわずかに高いことがわかる。

水路網は農地や家々に水を配る役割に加え、大雨時は排水路の役割を担うが、敷地づくりとも関係がある。つまり、低平地では浸水に備えて少しでも高いところに住むのがよく、水路を掘った際に生じる土を盛って敷地を高めたのではないか、あるいは、敷地を高めるために水路をたくさん掘ったのではないか、とも考えられる。つまり、掘って盛ることは、浸水に備える一連の行為と言える。

また、初めは迷路のように感じられる集落であるが、じっくり観察すると水路で囲まれた島状の空間単位に気づく（図1、2）。それは各家の敷地や生活空間であり、それぞれ敷地の北側に母屋、その裏に水路へと降りる階段がある。かつては炊事、洗濯、風呂に水路が使われ、水路のコイやフナなどは食べることができるなど、水路と人々の生活は密に関わっていた。このように水路に囲まれた同様の生活空間が集まって集落をなしている。

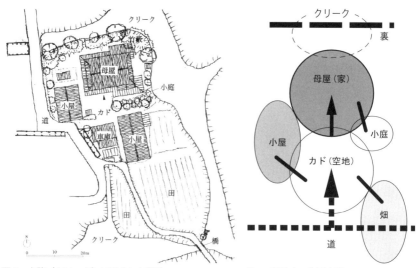

図1　水路（クリーク）に囲まれた敷地（出典：佐賀大学後藤研究室）　図2　敷地内の生活空間モデル

しかし、低平地の水路は流れが緩やかなために土、泥が溜まりやすく、用排水や大雨時の機能を損なわないために維持管理が必要である。今日の生活と水路の関係は希薄になりつつあるが、農地や敷地の成り立ちにとっても不可欠な水路に敬意を払い、日頃から水路を大切することが結果的に減災に通じる、と言えるであろう。

旧河道や砂州上の微高地に住む

　もうひとつ、低湿地や低平地に住む方法として、地面の自然な高まりを見つけて住むことがある。例えば、かつての澪筋や旧河道がつくった砂州を活用した集落がある。この集落は先述したクリーク集落と同様に水路を掘った土で敷地を高めたと考えられるが、自然の力でつくられた微高地＝旧砂州上に立地していることも大きな特徴である（図3、4）。また、この地域では過去の浸水について「大水がここまで来て大変やった」「農耕牛を集落よりも高い河川堤防に連れてゆき、家財はなるべく2階へ、畳も上げた。増水が進むと最後は人が屋根に上るか、船を使って逃げる……」などと、リアルな体験談を住民から聞くことができた。

　近年、大雨に備えた排水ポンプ等のハード面の防災対策により、浸水被害の頻度が減ったが、気候変動を背景とした豪雨は想定以上の浸水、堤防の決壊などの大災害を引き起こす可能性がある。平野部においては、微高地を選び、かつ必要な場合は敷地の強化をし、発災時の家財や人命を守る知恵は世代を超えて共有するなど、低平地や住むための理を踏まえ、集落ごと家ごとの備えの再点検が必要である。

図3　水路や低平地とともにある旧砂州上の集落（佐賀県小城市芦刈町川越、2020年）（撮影：佐賀大学後藤研究室）

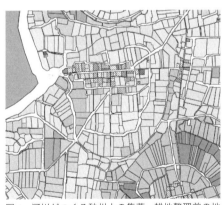

図4　河川がつくる砂州上の集落。耕地整理前の地籍図を見ると旧河道湾曲部の内側に集落（宅地の集積部）が立地していることがわかる。

03 出作り文化が育むしなやかな住まい方

出作り集落（豪雪対策）／福井県大野市打波地区　　　　　沼野夏生

　石川、岐阜、福井の3県にまたがる白山麓には、かつて出作りの村と呼ばれた集落が散在する。出作りは平地の少ない集落の民が母村を離れた山腹に土地を求め、出作り小屋を建てて寝起きしながら焼畑や商品作物の栽培を行う慣行であり、そのための土地利用の制度であった。

　現在、生業としての出作りは衰退し、出作り地はもちろん、かつての母村の多くも過疎の波に呑まれ消滅の道を歩んだ。しかし、大きく変容しつつもなお、出作りの文化が豪雪に対する減災や地域居住の維持に役立っている可能性がある。福井県大野市の旧五箇村・打波地区の事例を紹介する。

五箇地区概観図　（出典：小倉長良さん提供資料をもとに作成）

打波地区の出作りと過疎化

　かつては、打波川とその支流の各所に出作り地が点在していた。打波地区の人々はそこに出作り小屋を建て、焼畑や黄連、わさびなどの生産を生業とした。出作り小屋の多くは母村に戻る冬期には無人化するので、深い雪に耐えるように工夫されていた。出作り地は母村から12km以上離れることもあった（図1）。

　しかし、明治期の水害や、出作り地の保安林編入・北海道移住の奨励などの政策、そして戦後の北美濃地震と第二室戸台風による被災などを背景に、出作りは衰退し、離村が増大した。さらに、1981年の「五六豪雪」が追い打ちをかけ、打波地区の母村はその多くが無住化してしまった。最後の出作り生活者も1995年に山を下り、生業としての出作りは姿を消した。

出作りの変容と地域居住の維持

　多くの山間過疎地と異なり、打波地区では最近も多くの元住民が日常的にかつての母村にある家屋や山林との関わりを維持している。その実態と背景を、筆者が上打波地区で実施した1985年と2015年の二度の調査から探ってみよう。

　1985年当時上打波の母村には42戸の家屋が残され、そのすべての所有者を含む67世帯が、約20km離れた大野市の市街地に本宅を移して住んでいた。これは1965年の全世帯数と同じ数であり、過疎化が始まる前の1955年と比べても66％にあたる。以前は本宅だった42戸の多くは出作り小屋となり、五六豪雪後に減築したものや、鉄骨造に建て替えたものが5例あった（図2、3）。

図1　古い出作り小屋と大野市内の本宅（1985年）

2015年の調査では、42戸のうち30戸の建物が残り、うち新築を含め減築や補強をしたものが12戸あった。旧宅のまま老朽化が進んだ家は6戸のみで、大半は無人の冬に耐えうる備えをしていた。何らかの滞在があるものは16戸で、山の管理や畑作、山菜採りのほか、趣味やリフレッシュ目的の滞在も見られた。42戸のうち、大野市から福井市などへ再転出したのは7例にとどまった。出作りの慣行は失われたが、上打波の人々は多様な形を工夫しながら、大野地域内への居住とかつての母村や出作り地との関わりをつなぎ止めてきた。

出作り文化から学ぶ"住む形"へのしなやかな適応性

　出作りは家や土地といった家産の観念を相対化し、所有にこだわらず利用する文化をもたらした。それが、比較的軽快に暮らし方とその場所を編集することにつながったのではないだろうか。大野市街地への本宅の進出は、実は戦前から始まっていた。上打波の人々は、出作りがもはや不可欠な生業の地位を失った後も、出作りが生み出した豪雪地での季節居住の合理性を、新しい形でしなやかに受け入れてきたと考えるべきであろう。

　雪に閉ざされた山間地を下りて冬を過ごす。夏山冬里とも言える豪雪地帯の季節居住は、兼業化が進んだ高度成長期以降、各地で試みられてきた。しかしそれらは、離村への過渡的な形態として否定的に語られることも多い。上打波の人々が近代以前から暮らし方の文化として育んできた住む形へのしなやかな適応性や、山野との多様で明るい付き合い方は、他の地域にとっても参考になるはずである。

図2　鉄骨造の小屋（2015年）

図3　減築された小屋（1985年）

04 季節風から家屋を守る人工の森

築地松（風害対策）／出雲平野

浅井秀子

　屋敷森は、風や雪を防ぐため、家の周りに造られた人工の森のことで、島根県出雲平野では「築地松」と呼ぶ。出雲大川（斐伊川）は、古代から暴れ川で、この地方では、地盛りによって、周辺より数ｍ高くし、さらに屋敷周りには防水用の堤を築いた。そしてその堤を固めるために水に強い樹木や竹を植えたと考えられている。築地松の効用については、①冬期に日本海から吹きつける季節風を防ぐため、②斐伊川の氾濫の際に土地ごと流されるのを防ぐため等、歴史的に見て諸説ある。近年は松くい虫の被害やせん定職人の不足等で、築地松の景観は消滅の危機にあると言われている。一方で"築地松案内人"の築地松の所有者は、次世代にバトンをつなぐために、「築地松の維持には、日々の努力と費用はかかるが、冬は北風、夏は西日を防いでくれる先人の知恵を後世に残さなければならない」と普及・啓発に前向きである。

あらゆる非常事態への備えだった築地松

　屋敷森は、田園風景に点在する緑の森のことで、風や雪を防ぐため、家の周りにつくられた人工の森のことを言う。島根県出雲平野に点在する屋敷森のことを「築地松」と呼ぶ（前頁図）。古代から暴れ川だった出雲大川（斐伊川）への備えとして、ジギョウ（地盛り）によって、周辺より数ｍ高くし、屋敷周りには防水用の堤を築いた（築地）。その堤を固めるために水に強い樹木や竹を植えたと考えられている。

　築地松の効用については、①冬期に日本海から吹きつける季節風を防ぐため、②斐伊川の氾濫の際に土地ごと流されるのを防ぐため、③枝おろししたものを燃料として備蓄し、落ち葉を堆肥として活用するため、④屋敷の広さと築地松の高さ等で家の格式を表すため、⑤火災時に隣家への延焼を防ぐ、⑥マテバシイの実や竹の子を食料の足しにする、など諸説ある[1]。

やがて屋敷に風格を持たせる要素へ

　築地松の歴史は明らかではないが、生垣状の防風林は明治時代の終わり頃からあり、古くは家を覆う森のような屋敷森であったと言われている。現存する中では古いもので樹齢200年以上、幹回り3m以上の樹木もある。屋敷森の中心となる樹種は古くから出雲地方に生息するスダジイかタブノキで、湿気を好むタブノキは平坦地に多く、湿気を嫌うスダジイは山手の方の主木として使われている。クロマツは、屋敷の西側を中心に植栽されているが、取り入れられた時期や経緯は不明である。男性的で力強く風格があり、潮風に強く、肥料気の乏しい土地でも十分に成長するという特性が好まれたのだと思われる[1]。

　明治から大正にかけて、手間と金がかかる「陰手刈り」が始まったと言われている。陰手刈りは、切り口から松ヤニが出ない秋口から春先がシーズンで、4年から5年に一度行われる築地松の剪定のことで、田畑や屋敷の日陰の害を除去することが主目的で、高所での作業のため危険性も大きく、高度の技と手間のいる仕事だった。築地松の内側の枝は、若木のときにすべて枝落としをしている。その理由は、陰手刈りや松くい虫防除の費用を抑えるため、家屋に被害を及ぼすことを防ぐためと言われている。内側の枝をすべて切り落とすことで、外側の枝が網目模様のように生育していき、剪定後はレースのカーテンのようになり、より一層美しさを際立

図1　剪定後の築地松の内観　　　　図2　築地松の内側隅角部と反り屋根

たせる（図1）。その形は出雲大社の反り屋根をイメージしたものと言われ、このあたりの住宅の屋根に反り屋根が多いのは、出雲大社のお膝元で「出雲屋敷」と呼ばれていることに由来している（図2）。

築地松のある暮らし

　近年は松くい虫の被害や築地松を剪定する職人の不足、そして生活習慣の変化によって築地松の散居集落の景観は消滅の危機にあると言われている。1994年には「築地松景観保全対策推進協議会」を発足し、一定の区域の住民に「築地松を活かしたまちづくり協定」を結んでもらい、その住民協定に基づいて行う築地松の維持管理費に対して助成をする制度も設けているが、1999年から2020年調査時で、築地松を所有する世帯は約6割強減少し、築地松の本数も約5割強減少している[2]。所有者の高齢化や維持管理に課題は残るが、地域特有の災害の存在とそれらをやわらげるための知恵を伝えてきた重要な備えとして、また美しい集落の景観を形づくる要素として、行政や民間団体、所有者が知恵を出し合って、築地松の景観保全を続けていく必要があると言える。

参考文献
1) 有田宗一『ふるさと"斐川"探訪シリーズ2　築地松と民家』斐川町教育委員会、1990年
2) 出雲市「出雲平野における築地松実態調査結果の概要について」2021年、https://www.city.izumo.shimane.jp/www/contents/1615176989022/files/shiryo16.pdf（2024年7月29日最終閲覧）

05 強風と日差しから集落を守る垣根

間垣（潮風・遮熱対策）／石川県輪島市上大沢集落　　　　江端木環

　能登半島では冬季に海からの強い季節風が吹き、人々は竹でできた「間垣（まがき）」と呼ばれる垣根で集落を囲み、風から住まいや暮らしを守りながら生活を営んできた。上大沢集落は、間垣の集落景観が現存する数少ない集落のひとつである。竹の調達や修復作業など、上大沢の人々の季節の呼応した暮らしのサイクルの中に間垣の維持管理は組み込まれおり、そこには風から個人の家屋を守る「自助」と、コミュニティでの共同作業や近隣で助け合う「共助」の関係性が見られる。連なる美しい集落景観の背景には、集落を風から守るだけでなく日常の暮らしの中に在る自助と共助の関係性があり、災害などの有事の際に地域内で向き合うためのコミュニティの地域力として見ることができる。

季節風への備えがつくりだす集落景観

　急峻な山が日本海に迫る能登半島輪島市上大沢集落では、冬季に海からの強い季節風が吹く。人々は竹でできた「間垣」と呼ばれる垣根で集落を囲み、海から吹く風から住まいや暮らしを守りながら生活を営んできた（図1）。

　かつて周辺地域にも多く存在していた間垣であるがその数は減少し続け、上大沢集落は間垣の景観を残す貴重な集落となった。2015年には隣町の大沢町とともに「重要文化的景観」に選定され、観光資源にもなっている。

　上大沢集落は石川県輪島市の西端、奥能登外浦の西保海岸に面する約20世帯の半農半漁の集落である。集落の北側が海に面し背後の山から流れる西二俣川に沿って棚田が広がる。集落は海、川、山に挟まれた狭い平地に主屋及び納屋が密集し、間垣は集落の海・川側を囲むように分布している（図2）。

暮らしのサイクルと間垣

　上大沢の人々は、冬の厳しい季節風や限られた土地の中で、田畑や海、磯辺などの地形・立地的な特徴や季節に呼応して農業や海藻類の採取など半農半漁の暮らしを日々営んでいる。間垣は、稲刈りが終わった頃に材料の「苦竹」を伐採し、伐採した竹の葉を落とすため1ヵ月程度干し、冬支度としての11月の終わり頃までに痛んだ竹と入れ替えながら間垣の修復作業を行う。このように竹の調達や修復作業などの間垣の修繕・維持管理が人々の季節に呼応した暮らしのサイクルの中に組み込まれている。

図1　間垣

図2　上大沢集落の景観

間垣の所有と維持管理

　間垣は面として連なるが、個人・共同と所有は分かれている。神社や集会所などの間垣は共同所有で修復作業などは秋祭りと合わせて共同作業で行われる一方で、集落を囲むように分布している間垣は、居住域のエッジに位置する各戸が個別に所有している。間垣を所有する世帯は強風から家屋を守るため家単位で間垣の修復や維持管理を行ない、また高齢などで維持管理が難しい場合は両隣の家が助け合う。

　このように風から個人の家屋を守る「自助」と、コミュニティでの共同作業や近隣で助け合う「共助」の関係性が、集落・コミュニティを風から守る設えとして連続する間垣の集落景観として現れている（図3）。

地域力：日常の暮らしの中に在る自助と共助

　地域固有の気候風土の中で風への備えとしてつくり出された美しい間垣の集落景観とそれを支えてきた自助と共助の関係性を学びたい。この関係性は、厳しい自然環境の中で暮らすための日々の暮らしを支えるだけでなく、災害などの有事の際に、地域内で向き合うためのコミュニティの地域力として有効に機能するのではないだろうか。防災をハード面の対策だけではなく、日常の暮らしの中に在るコミュニティの関係性を構築しておくことは現代の私たちも学ぶべき点である。

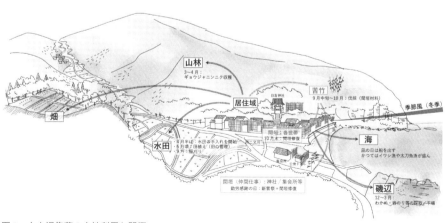

図3　上大沢集落の土地利用と間垣

06 厳冬を乗り切るための住宅を守る茅柵

かざらい（寒風雪対策）／山形県飯豊町　　　　　　　　　　　　鈴木孝男

　山形県飯豊町には、冬の厳しい季節風や吹雪から屋敷を守るために、「かざらい」と呼ばれる伝統的な雪囲い・風よけの柵が見られる。米沢盆地の北に位置する長井盆地では、北西の山から吹き下ろしてくる季節風に対して、屋敷の西側に杉を植えて屋敷林を設けている。屋敷は田園の中に点在し、美しい散居集落が形成されている。「かざらい」は、屋敷林の杉の幹を支柱として横木を渡して、茅や板を縄でくくりつけてつくられる。春になると、「かざらい」は解体されるが、撤去された茅は茅葺き屋根の葺き替えに利用される。葺き替えで除去した古い茅は畑の肥料として利用され、地域内で循環するシステムとなっている。

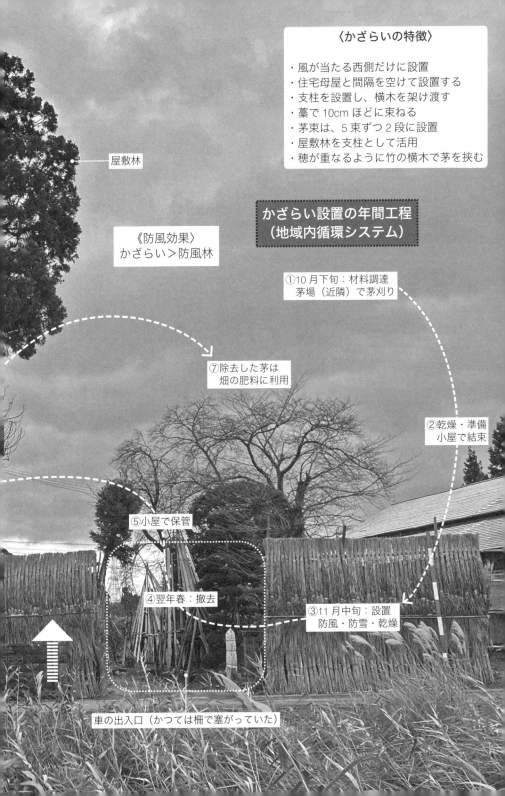

山、川、里の環境と結びついた飯豊の生活

　飯豊町は、飯豊連峰の山懐を抱え、総面積の約84%が山林の町である。清流白川の流域に形成された扇状地には、肥沃な稲作地帯が形成されるとともに、水田の中に屋敷林を構えた住宅が点在する「散居集落」の景観が受け継がれている。特に、田植えの時期は辺り一面が水鏡のようになり、空の様子や朝日が映り込む一段と美しい風景が見られる（図1）。屋敷林は、北西の山から吹き下ろされる季節風を防ぐために、屋敷の西側にスギが植えられてできる風景である。この地は豪雪地帯でもあるため、強い吹雪から住宅を守る効果も発揮している。

厳しい冬の気候から屋敷を守る「かざらい」

　昔ながらの茅葺き民家は隙間風が多く、飯豊連峰から吹き下ろされる季節風や吹雪から住宅を守るために、「かざらい」が発明されたと言われている。かざらいは住宅と間隔を置いて設置される（図2）。かざらいの内側に入るとほとんど風は入り込まない。かざらいで利用した茅は茅葺き屋根の葺き替えに利用される。また、昔は

図1　朝焼けに照らされる散居集落の風景　(出典：飯豊町)

西側をすべてかざらいで塞いでいたが、車が出入りできるように一部開けているものもあり、時代とともに形態が変化している。

自然の恵みを地域内で循環するシステム

毎年10月下旬に、近隣の茅場で茅刈りを行い、11月中旬になると自宅の西側にかざらいを組み立てる（図3）。かざらいの構造は、屋敷林の杉の幹を支柱として横材を架け渡して、茅の束が垂直になるように縄でくくりつけられるというもので、設置の際は高所の作業で危険も伴う。冬の役割を終えると翌年春にかざらいは撤去される。その後、茅は自宅の屋根を葺き替える材料として利用される。葺き替えで生じた古い茅は、畑の肥料として再利用される。材料は自然素材しか使っていないため、無駄が生じない見事な循環型のシステムが構築されている。

巧みな伝統的暮らしを継承すること

厳しい雪国で生き抜いてきた先人たちは、自然と共生しながら、風雪に耐える工夫や知恵を凝らしてきた。かざらいは、茅葺き民家が減るにつれてその姿を消しつつあり、屋敷林もまた管理の難しさから伐採するケースが増えている。しかしながら、こうした先人の暮らし方は自然環境との共生や持続可能な地域づくりに寄与するものである。町では、散居集落の景観と文化を後世に継承しようと「日本で最も美しい村」に加盟している。社会から評価されることでエコツーリズム等の観光が推進され、こうした持続的で無理をしない自然環境との共存への関心が高まれば、現代における新しいしなやかな暮らし方が見えてくるかもしれない。

図2　「かざらい」と屋敷の間の空間

図3　茅を立て掛けて設置する「かざらい」の表側

07 風に呼応する石のカタチ
石垣（風対策）／愛媛県西宇和郡伊方町　　　　　　　　　　　　下田元毅

　近年、大きな災害が目に留まるが、日常的に気候風土が影響した小さな災害を繰り返し経験してきた集落もある。佐田岬半島（愛媛県西宇和郡伊方町）の集落は海に突き出た急峻な地形による日常的な強風と向き合い、度重なる設えの更新によって地域固有の風のカタチをつくり出した。民家や神社、小屋から畑まで、生活や生業に関わるほとんどの外部空間が佐田岬半島で多く産出される青石の石垣と一揃いで構築され、風と呼応した暮らしの様相を見ることができる。

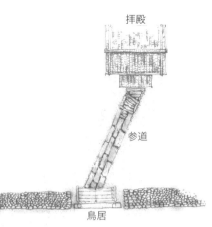

大佐田の天満神社は、写真手前(海側)から吹き抜けてくる強風から拝殿を守るため、石垣と鳥居が一体化している。また斜めに伸びる参道によって拝殿に直接風が当たらないよう工夫されている。

強風にさらされ続ける地形

佐田岬半島は、全長約 50km、最大幅 6.2km、最小幅 0.8km の日本で最も細長い半島である（図1）。日本有数の風の強い地域（年間平均風速が 8.3km）で、半島尾根上には風力発電が並ぶ（図2）。また、佐田岬半島は三波川変成帯上に位置し、青石（緑色片岩）が多く産出される。青石は片理面のために平行に剥がれやすく、薄く四角形の岩石となる特性を持ち、面を削って揃える必要が少なく石垣を積むのに好都合な素材であることから石畳や石階段、石垣、石塀などのほとんどが青石でできている。最小幅わずか 800m の半島の中心に尾根が通り、裾野は急激な地形のまま海へ落ち込むことから、佐田岬の集落は風と対峙せざるを得ない。風と石と地形的条件が織りなす多様な風との向き合い方が日常の空間の中に組み込まれている。

風と暮らすカタチ

大佐田にある天満神社は、海から強い風が通り抜けることから、拝殿を風から守るため石塀と鳥居が一体化している。配置も興味深く、鳥居から拝殿までの参道は鳥居を抜ける風が拝殿に当たらないように斜めに参道をずらしている(前頁図)。海

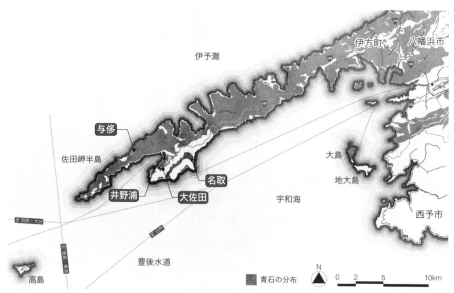

図1　佐田岬半島の立地と青石の分布　(作成：山本翔也)

から風を直接受けやすい立地にある名取では、民家の軒先に合わせて石が積まれている民家も存在する（図3）。井ノ浦の海際には、ファサードを石で纏い、海風と波浪への防御を兼ねた農小屋（納屋）が並ぶ。農小屋としての機能性を考えると、階高を高くして少しでも容量を取りたいが、風圧力の関係で低く抑えられた農小屋のプロポーションとなっている。その土地を耕すと出てくる素材（青石）で、畑を守る壁（石塀）・維持する空間（農小屋）で防風建築をつくり出している（図4）。

暮らしの蓄積から学ぶ

佐田岬半島の日常的な「強風」と「石」がつくり出す地域固有の風対策は、風に耐え凌ぎながらそこに住み続けるために先人たちの長い経験の蓄積から編み出されている。災害に対する一時的な対策も重要だが、地域における日常の観察や暮らしの更新の蓄積が大きな被害を回避する手立てとなるかもしれないことを佐田岬半島から学びたい。そして、その延長に地域固有の風対策やその価値の重要性を見出せるかもしれない。

図2　与侈の集落から見た風力発電の列

図3　名取の石垣の民家

図4　井ノ浦の石塀の農小屋

1-3　しのぐ　43

08 生業と共に発展した延焼を防ぐ家の設え

うだつ（防火）／徳島県美馬市脇町　　　　　　　　　　　　下田元毅

　多くの地域で見られる「うだつ」と同様、脇町の町屋に見られる袖壁「うだつ」「本瓦屋根」「漆喰塗り」などは、建築の防火要素を伴いながら洗練された意匠性をもって発展してきた。町屋を観察すると商家としての建築形式を担保しつつ、季節風と直線的な街区構成から起きた度重なる大火の経験が生かされた、隣家からの延焼を防ぐ設えとなっている。吉野川の洪水がもたらす藍作という生業の地域構造と川・海の流通構造による技術・文化の連関構造からなる地域固有の防火の備えを探ってみたい。

風と街区構成がもたらす大火

　脇町は、脇城の城下町として成立し、吉野川北岸の主要街道である撫養街道と讃岐街道の交差する位置に立地する。さらに吉野川の舟運の川湊のひとつで、陸・水運の要所である立地特性から藍の集散地として発展してきた（図1）。脇町の「うだつの町並み」は江戸中期から昭和初期の85棟が東西方向の道筋の両側に連続して残っており、1988年に重要伝統的建造物群保存地区に指定されている（図2）。

　冬風が道筋沿いを西から東へ吹き抜ける街区構成上、風上で火事が起きると延焼しやすく、過去に十度もの大火の記録が残っている。建築そのものに連続した防火

図1　脇町の立地と地勢

図2　脇町のうだつの町並み

性能を備えるため、1829年の大火を契機に防火を目的とした①瓦屋根、②辻井戸掘り、③「うだつ」が取り入れられ、統一感ある町並みが形成されていった。特にうだつは隣家からの延焼を防ぐ設えとして有効で脇町に拡がった。

災害の脅威と恩恵の両方を受け入れ、生かす、柔軟な暮らし方

　藍を栽培するには肥沃な土壌が必要である。脇町の肥沃な土壌は毎年のように繰り返される吉野川の洪水によってもたらされたもので、日常的な災害の脅威と恩恵を共に受けながら暮らしが営まれてきた。また藍作が生業として発展したことで、吉野川を行き来する北前船の広域な藍の販路ネットワークの流通構造によって町の藍商人たちは富を得るだけでなく、全国各地との文化・技術交流の担い手となり、各地の様々な要素が脇町に持ち込まれた（図3）。その中で当時発展していた町を火災から守るため、新しい建築文化であった「うだつ」が取り入れられ、重伝建地区に登録されるほどに発展した。その柔軟な対応の背景には、もともと洪水常習地域であるからこその日常的な減災意識があったと言えるかもしれない。

「うだつ」を介して地域内外の繋がりをつくる

　現在、重伝建地区を生かした観光化の動きもあり、空き家化するうだつの町屋に地域内外の資本がコンバージョンを行い、宿泊施設や地域内外の交流施設や飲食店を展開しつつある。うだつの町屋が地域外の人を呼び込む要素となり、訪れる人が減災の歴史・経緯などに触れる機会を生んでいる。現代では本来の役割が影を潜めたうだつではあるが、脇町の火災に対する防災意識が町並みを形成してきた事実、伝統的な災害をしのぐ知恵や災害との柔軟な向き合い方を、地域内外の多くの人に伝える媒体となっている。

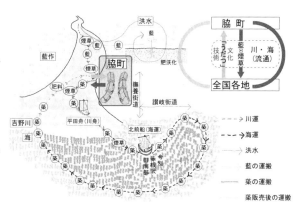

図3　循環の二重構造

09 私有地を提供し合ってつくる歩行空間

とんぼ（防雪・遮光）／新潟県阿賀町津川　　　　　　　　　　　　　　鈴木孝男

　阿賀町津川には「とんぼ」と呼ばれる雁木があり、旧会津街道の宿場町としての面影を現代に残している。「とんぼ」は、1610年の大火後に城主岡半兵衛が計画した復興まちづくりの中でつくられたと言われている。街路に面して隣り合う家々が、自分の私有地を提供して公共の歩道をつくったもので、多雪地域でも雪の影響を受けずに歩くことができる。また、雨や夏の日差しから通行人を守る役割も担っている。

曲がり梁

通路幅：1.8m（1間）
すれ違いに支障はない

玄関位置の記憶を刻むマーク

石畳

車道から30cmほど高くして安全性を確保

旧港町から中町を望むとんぼ通り

・欄間の設置
・雪囲用の留め具
・プランターの設置
・ベンチが置かれる

〈とんぼ通りの特徴〉

・通りの長さ：約500m
・用途：雪、雨、日差しから守る
・装飾：欄間や曲がり梁
・「とんぼ」は慶長15年（1610年）の大火後に設置された（上越市高田より早い）
・家屋は妻入、間口は7.2〜9.1m（4〜5間）が多く、屋根は樹皮で葺いた石を置いて押さえる様式が主流

旧上町から横町を望むとんぼ通り

舟運で栄えた川港、城下町、宿場町

　阿賀町津川は、新潟県にあるが1886年までは会津藩に属していた。そのため、現在でも会津の文化が色濃く残っている町である。阿賀野川、常浪川、姥堂川が交わる地の利を活かして、陸運から舟運へ切り替わる中継地として川港が形成された。新潟と結ぶ航路は津川船道と呼ばれ、新潟からは塩や海産物、会津藩からは廻米（年貢米）や塗物などが運ばれた。当時は150隻もの船が出入りし日本三大川港とも称されたが、江戸時代後期になると、町内で相次いだ大火や代替交通の普及に伴い拠点性が弱まっていった（図1）。

大火からの復興で整備された「とんぼ」

　寛文年間（1661〜73年）には354軒の商家が存在したとされている津川の町は、阿賀野川左岸の段丘上に形成され、クランクの交差点があるのが特徴である。商家の軒先には「とんぼ」と呼ばれる雁木が設置されている。『津川姿見』によると、1610年の大火後、城主岡半兵衛が町の復興でとんぼの取り付けを推進したことが誕生の経緯とされている。ユニークな呼び名は、会津で玄関先または土間の部分をとんぼと呼んでいたことに起因するとされている。1878年には『日本奥地紀行』の著者で英国の女性旅行家イザベラ・バードが津川を訪問しており、家並みが美景であると絶賛している（図2）。

大雪から生活を守る歩行空間

　とんぼは、商家等の道路側の私有地に庇をかけた空間である。500mも連続しており、通行人を雪、雨、夏の強い日差しから守り、安心して買い物できるように配慮されている。冬季には、雪よけ用の蔀板をはめ込み、大雪時の通行の支障を抑えてくれる。とんぼを美しく見せるために透し彫りが施された欄間や曲がり梁を設置しているところもあり、津川の人間性が表現された設えでもある。

　とんぼは誕生から350年以上も維持・継承されてきた。現代の生活にもそのまま活かすことができる先人の知恵と工夫である。私有地を提供して歩行者の安全を守ろうとする考え方は、支え合うコミュニティ意識を高め、災害対応にも威力を発揮するはずで、現代において再評価されるべきである。しかし現在、解体されるとん

図1 津川の全景と川港が栄えた頃の史跡と交通

図2 かつての津川の風景（撮影：田辺修一郎）

図3 石畳の歩道に設置された玄関の位置を示すマーク

ぼが出てきており、町では家並みの記憶を残そうと玄関前の歩道にひし形のタイルを設置している（図3）。また、とんぼの中にベンチや花のプランター等を設置したり、観光ボランティアを整えることにより、観光客の受け入れ体制を強化している。こうした半公共的な空間を活かしたまちづくりの考え方が広がれば、今後のしなやかな減災・防災につながるはずである。

10 水との戦いの中で生み出された創意と工夫

輪中（水害対策）／濃尾平野　　　　　　　　　　　　　　　　岡田知子

　輪中とは河川の氾濫する低湿地帯で、堤防によって囲われた集落、またはそこで生活する人々による水防共同体を言う。
　特に、木曽川・長良川・揖斐川の木曽三川が合流する濃尾平野のデルタ地帯では、多くの輪中が見られる。ここは河口から20km以上の上流でも標高が3mしかなく、絶えず洪水に襲われてきた。洪水は居住域に大きな被害をもたらすが、一方で上流から肥沃な土砂をもたらす。洪水の危険性は高いが、肥沃な土地は作物の栽培には適していたため、低地に居住域が広がっていったと考えられる。しかし、度々起こる水害に対して人々は決して無力ではなかった。現在のような輪中に至るまでは水との長い戦いの歴史の中で様々な創意と工夫に満ちた住まいと居住地のあり方が生み出された。

水との戦いの歴史

　洪水が繰り返されるたびに、山から大量の土砂が河岸付近にたまり、わずかに高くなった自然堤防がつくり出され、人々はこの上に家を建て住み、田を耕し生活し、集落をつくった。やがて自然堤防を繋いで上流側に半円形やカギ型の尻無堤あるいは築捨と呼ばれる堤防をつくるようになり、堤内の低い土地は水田として利用された。出水時には下流側から水が浸入するのが悩みだったが、洪水後は作物の栽培に適した肥えた土が残り、自然の恩恵にあずかることができた。ただ、河口にも近いため、尻無堤だと水田は海水侵入に悩まされた。そこで、人々は海水の逆流を防ぐために、下流部分に潮除堤を築き、周囲がすべて堤防で囲まれることになり、輪中が成立した（図1）。皮肉なことに輪中にしてしまったことにより、上流からの土砂は中には堆積せず、逆に外の河床に堆積し、年々高くなっていき、輪中内地と河川の水位の逆転が起こるようになり、中の水は自然には排水できなくなった。そこで生活を維持していくため創意工夫により問題を解決していく。排水は各々の輪中によってその方法や時期が多用で、雨季乾季（例えば冬季の渇水期）の水位差を利用したり、比較的流れの速い大川に面した輪中はその流れにそった吸い込み現象を利用して排水を行ったり、満干潮の差を利用して大潮の干潮時に排水を行ったりした。しかしどの場合も遊水池に樋門もしくは樋管等の排水施設を設けなければならず、排水期間が限定されるため地域住民の合意と統制が必要でした。このことにより、輪中では強固なコミュニティが形成された。

図1　左の土手が輪中、その際に住居が立地する

水屋の出現

　江戸時代になり治水事業が進むと小さな輪中を取り込んで大きな堤防をつくり新田開発が盛んになる。これにより従来の堤防上に立地していた集落は新たに外側に大きな堤防をつくり複合輪中にしたため、新堤防の決壊＝集落の冠水となってしまった。そこで自らの生命と財産を守るために宅地の一角に新堤防の高さほどまで土を積み上げ、水屋と呼ばれる建物を建てることになる（図2、3）。

　水屋の起源は江戸時代の寛政年間（1789～1800年）の巡行記録から、新田開発に伴い複合輪中が築かれた以降に出現したと考えられる。水屋は洪水の際には避難場所として、また、米や日常必需品を蓄えておく倉庫として、そして一旦洪水に見舞われたら水が引くまで長期にわたって生活する場所でもある。

自然といかに共生するか

　以上みてきた水との戦いは我々に大きな示唆を与えてくれる。輪中にして中を完全に守ったことにより、輪中内地と河川の水位の逆転が起こるようになり、輪中の水が自然には排水できなくなるという問題が発生したこと、新田開発に伴い複合輪中にして高い堤防を築けば決壊した際、集落が冠水してしまうということ、そして冠水した際の対応として避難生活の場であり食料の保管はもとより財産を守る生活空間がつくり出された。このようにその都度、人々は問題を解決してきたが、自然を克服するのではなく、いかに共生するのかが問われている。

図2　長いアプローチが道路面と主屋とのレベル差を解消している

図3　水屋をさらに嵩上げしているのがよくわかる

2章
大規模な災害復興で見られた しなやかな対応

2-1　地域力が活かされた応急対応・滞在避難　…p.58

2-2　復旧と復興に向けたビジョンをつくる　…p.82

2-3　平時のまちづくりに取り込む　…p.112

01 ご近所交流が育んだ一時的な自宅避難所

東日本大震災（2011年）／宮城県気仙沼市唐桑町大沢地区　　　友渕貴之

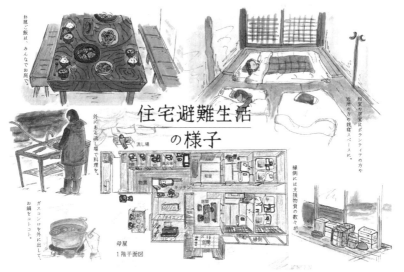

近隣に開放した住宅避難の様子 （イラスト：加藤唯花）

1　気仙沼市唐桑町大沢地区の被災・復興概要

　宮城県気仙沼市唐桑町大沢地区は宮城県北部に位置する集落であり、震災以前は186世帯636人（2011年2月末時点）が暮らしていた。気仙沼市はカツオ漁が主要産業のひとつであるが、大沢地区はカツオ漁の餌となるカタクチイワシを主に水揚げする漁港を有する地域である。地図上には「大沢」という地名はなく、「竹の袖、釜石下、台の下、荒谷前、港、出山」からなる地区の総称である。大沢地区には縄文時代の集落跡が確認されており、古くより居住地として利用されていたことがわかる。さらに『小原木史話』によると源頼朝の奥州征伐のときに軍功を挙げた一族が城主として定着し、現在の集落形成に至ったとされる。一方、大沢地区は明治三陸津波地震、昭和三陸津波地震、東日本大震災による津波被害を受けた地域でもある。東日本大震災では、全壊138世帯、大規模半壊1世帯、一部損壊2世帯といった被害を受け[1]、その内5世帯は世帯全員が亡くなった。2011年6月19日に集落への帰還を目的に住民が立ち上がり、大沢地区防災集団移転促進事業期成同盟会を立ち上げた。その後、大学教員及び学生有志によるチーム「気仙沼みらい計画大沢チーム」と協働し、2011年10月より集落帰還に向けた各種取り組みが本格的に動

き[2]、132世帯が従前地区内に恒久住宅を確保した。その後、地区外からの流入もあり144世帯が暮らしている（2022年10月時点）[3]。東日本大震災における住宅確保までのプロセスは「複線型」とも称され、被災後は避難所や親戚・友人宅、ホテルや旅館、建設型仮設住宅、賃貸型仮設住宅など様々な場所をそれぞれが選択するため、各地に住民が分散した。また被災直後は家屋の有無によって住民間の関係性に変化が生じる場合も多いため、震災後を契機に生じる住民属性の変化を機微に捉えなければコミュニティが弱体化する可能性を有している。このような状況下で、住民同士の関係性を紡ぎ直しながら地域の復興が行われることを改めて記述しておく。

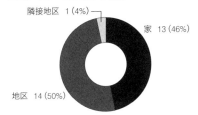

図1 緊急事態宣言時における住民意識（出典：友渕貴之・槻橋修・山崎寿一「防災集団移転促進事業前後の生活環境から捉える居住地再編の影響（その1）：住環境・集落コミュニティ意識に着目して」『日本建築学会計画系論文集』87 (800)、2022年、pp.1933-1941）

本地区の復興過程で重要視されたのは地区内で暮らす住民の関係性が分断せずに従前のような生活を達成する点であり、その価値観は復興計画において随所に反映され、住民同士の関係性は一定のまとまりを見せている。その一例とも言える現象を確認したのは、震災から10年を迎えようとした2020年の新型コロナウイルス感染症による感染拡大時である。感染拡大を抑えるため「STAY HOME」という言葉が頻繁に発せられ多くの住民が自宅にこもった生活をしていた頃、大沢地区の住民に「STAY HOME」に関する認識についての調査を行った[4]。すると回答の過半数は地区内にいることを「STAY HOME」であると認識し、地区内にいると安心感を得られると回答したのである（図1）。災害を乗り越え、地域や住民に対して安心感を抱き続けられる状況を再構築した要因はいくつか考えられるが、本節では被災直後の住民同士の支え合いに注目して記述していく。

2　震災以前の生活

●住環境：漁業集落ならではの住宅様式と行為

大沢地区に建設されていた住宅の多くは「唐桑御殿」と称される入母屋造の日本

家屋である。遠洋漁業に出る漁師が多かったことから、海からも勇壮に見える立派な屋根と四間取を有することが一般的である（図2、3）。平均世帯人員数は約4人、30％程度が6人以上で暮らしており、3世代で暮らす住民も多かった。また、住宅の前には畑や庭を備えており、外仕事の合間に縁側や居間でお茶飲みをするのが日常の風景である。漁業集落的な要素としては、海産物を冷凍保存するための大型冷凍庫を有し、豊漁や安全祈願を行うため1間以上の大きな神棚が設えられている家が多い。また、海産物や農作物などを互いに贈与し合う関係性が築かれていた。

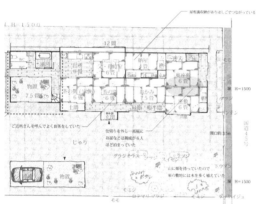

図2 唐桑御殿の間取り （出典：友渕貴之・槻橋修・小川紘司・小山俊介「気仙沼市大沢地区における住空間と生活行為に関する研究：東日本大震災以前の住空間に関するヒアリング調査」『住宅系研究報告会論文集』8、2013年、pp.115-120）

図3 唐桑御殿内部の様子 （出典：図2に同じ）

図4 親類の分布 （出典：友渕貴之・山崎寿一・槻橋修「震災後の残存住宅及びその居住者が果たした役割：震災直後から仮設住宅入居に至るまでの避難実態に着目して」『日本建築学会住宅系研究報告会論文集』10、2015年12月、pp.93-100）

図5 井戸水管理の分布 （出典：図4に同じ）

●社会関係：幾重にも形成された人的ネットワーク

　大沢地区内は1区〜4区の行政区に分かれており、各行政区内に隣組と呼ばれる小さな単位が形成されていた。隣組は回覧板を届けたり、地区の清掃活動を行う基礎的な単位として機能している。また、血縁関係に依らず冠婚葬祭等の労働に関する相互扶助や金銭的な相互扶助が行われる「親類」と称される関係性（図4）や井戸を複数世帯で管理する関係性（図5）、地区内にある神社を核とした関係性、網元と呼ばれる漁業作業に伴う関係性、子ども会や消防団など幾重にも人的なネットワークが形成されていた[5]。

3　震災直後の生活

●被災後の避難行動と避難場所

　震災当日の地震発生後は、近くの高台や避難施設に避難していたが、なかには船を出して海上に出て、津波がおさまってから指定避難所である中学校の体育館や被災を免れた家で避難を行っていた。本地区では、応急仮設住宅に入居し始めたのが、5月末であり、全住民が仮設住宅に入居したのは、8月中旬頃である。自治会が作成していた資料（2011年3月28日〜5月23日付）によると災害発生に近い時期が指定避難所に避難した世帯数のピークであり、月日とともに指定避難所を離れる世帯が増加している（図6）。

　はじめに人数が減り始めたのが震災から1ヵ月が過ぎた頃であり、従前の住宅で生活する世帯数が増加し始める。災害から1ヵ月頃には住民による行方不明者の捜

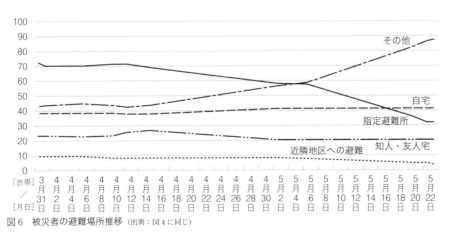

図6　被災者の避難場所推移 (出典：図4に同じ)

索やがれきの撤去、見回り等が落ち着き始め、自宅の補修等を始めた世帯や家屋被災を免れたが、安全を喫するため、自宅より高台に位置する家に避難していた世帯が戻り出した頃と考えられる。震災から1ヵ月半が過ぎた頃には指定避難所の避難世帯数が大きく減少し始め、その他（二次避難所やみなし仮設等）に含まれる地域外に避難する世帯数が大きく増加し、5月2日の時点で避難世帯数が逆転している。こうした背景には4月末にみなし仮設に関する制度が変更され、自ら見つけた賃貸住宅に関しても補助の範囲とするようになったこと、旅館等の施設を二次避難所として募集をかけるようになったことから、避難所の生活・環境に耐えがたい避難者が離れたことが大きな要因である。しかし、ここで着目したいのは、指定避難所を離れる世帯数の割合に比べて、残留世帯への避難世帯数に大きな変化が見られないということである。残留世帯に気を使うために他の避難所に移動したという世帯も見られたが、実際に離れたのは数世帯であり、地区内・近隣地区含めて30世帯近くが残留世帯での避難生活を続けている。

● 震災による住民属性の変化と自宅避難所の開設

被災後は家屋の有無や避難場所などによって住民の関係性に変化が生じる。それは時に住民内の軋轢となり得るが、家屋の有無による軋轢を回避すべきと家屋が残った住民が自主的に家屋の修繕が可能な世帯の避難受け入れを行ったのである（図7）。避難者との関係性を紐解くと血縁関係に依らず、同じ行政区内で日常的に交流を行っていた世帯を中心に受け入れていることがわかった。自宅を避難所として開設した経緯としては、①指定避難所に家屋修繕が可能な住民が避難することでもめ事が生じることを懸念したこと、②家屋から近い場所で避難生活を過ごすことで家屋修繕がしやすいこと、③火事場泥棒等、家屋の状態を確認しやすいことを配慮してとのことである。これは日常的な交流が生

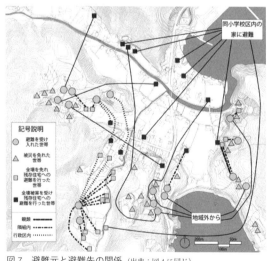

図7　避難元と避難先の関係 (出典：図4に同じ)

み出した共助と言える。住宅の造り自体が冠婚葬祭などを行うための社会空間を備えていたことから人が他者を招き入れることが前提の住宅だったことから近隣住民が日常的にお互いの家に出入りしたり、物のやり取りを行うことを誘発したと言える。また現在は世帯構成人数が減少傾向にあることも相まって他者を招き入れるための空間的余裕があったことなどから災害直後においても近隣住民に自宅を提供するという行為に対する敷居が低かったと考えられる。さらに、住宅の近くに井戸水が複数箇所あったこと、プロパンガスを日常的に使用していたこと、薪を備えていた家もみられたことなど震災直後も最低限のライフラインを確保できたことも大きい。部屋があっても火や水が無ければ生活の継続は困難である。加えて、冷凍庫に貯蔵していた海産物や山の資源活用など地区内の資源ストックが存在し、それを住民が利用しやすい環境にあった。このように地域内の資源ストックを活用しつつ、徐々に指定避難所に集約された資源が従前の住宅に届くようになったことによって長期的な避難者の受け入れが実現したのである。

4　住民同士の繋がりを維持するためのふるまいを促す要因

　災害とは突如生じるものであり、誰が被害に遭うかは定かではない。そのため、災害直後は互いに助け合える関係性を日常的に育んでおくこと、地域内の資源ストックがどこにあり、活用するための方法を確認しておくことが重要である。そして、震災を契機に変化が生じる住民内の関係性を機微に捉え、不要な軋轢を回避しようとする人々のふるまいを誘発することが災害を乗り越えていくための初動として重要なのだと考えさせられた。

参考文献
1) 国土交通省「東日本大震災の被災状況に対応した市街地復興パターン概略検討業務（その10）気仙沼市調査総括表（9/12）」https://www.mlit.go.jp/toshi/toshi-hukkou-arkaibu.html（2021年9月10日最終閲覧）
2) 友渕貴之・槻橋修・山崎寿一「東日本大震災による被災集落の再生プロセスに関する研究（その1）：住民組織と活動内容の変遷に着目して」『日本建築学会計画系論文集』88（809）、2023年、pp.2139-2150
3) 友渕貴之・槻橋修・山崎寿一「津波被災地における恒久住宅に至る居住動向の実態と特性：宮城県気仙沼市唐桑町大沢地区の事例」『日本建築学会計画系論文集』88（811）、2023年、pp.2505-2516
4) 友渕貴之・槻橋修・山崎寿一「防災集団移転促進事業前後の生活環境から捉える居住地再編の影響（その1）：住環境・集落コミュニティ意識に着目して」『日本建築学会計画系論文集』87（800）、2022年、pp.1933-1941
5) 友渕貴之・山崎寿一・槻橋修「震災後の残存住宅及びその居住者が果たした役割：震災直後から仮設住宅入居に至るまでの避難実態に着目して」『日本建築学会住宅系研究報告会論文集』10、2015年、pp.93-100

02 避難所の6ヵ月に見られた共助と配慮

東日本大震災（2011年）／宮城県南三陸町　　　　　　　　　　　　佐藤栄治

避難所となった中学校の体育館（2011年5月9日撮影）

1　避難場所と避難所

　災害が発生し、今いる場所に危険を感じた場合、あるいは現在の住居が被害を受けてそこには住めなくなった場面を想像してみよう。あなたはどこに避難するか？

　近くの公園？　近くの小学校？　避難する場所は、あなたの身の回りに複数設定されているはずであるが、避難に意識が及ばない日常生活の中では、ぱっと思いつかないのが普通かもしれない。

　2011年3月に発生した東日本大震災では、避難場所と避難所が明確に認識されていなかったことが被害拡大の一因となったとも言われている。では、避難場所と避難所にはどのような違いがあるのか。東日本大震災後の2013年6月改正の災害対策基本法の中では、指定緊急避難場所（避難場所）と指定避難所（避難所）の記述として、以下が記載されている。

・指定緊急避難場所（避難場所、抜粋）：災害が発生し、又は発生するおそれがある場合にその危険から逃れるための避難場所として、洪水や津波など異常な現象の種類ごとに安全性等の一定の基準を満たす施設又は場所を市町村長が指定する（災害対策基本法第49条の4）。

・指定避難所（避難所、抜粋）：災害の危険性があり避難した住民等を災害の危険
性がなくなるまでに必要な間滞在させ、または災害により家に戻れなくなった
住民等を一時的に滞在させるための施設として市町村長が指定する（災害対策
基本法第 49 条の 7）。

これらは危険から避難者の生命を保護する（一時的な）「避難場所」と、被災者を
一定期間（ある程度長期にわたって）受け入れる「避難所」、と解釈ができる。各々
の居住地域においても、必ず避難場所と避難所の設定があるので、確認すること を
お勧めする。

本節では、避難する場所の中から、東日本大震災時に避難所となった南三陸町の
中学校の調査結果を報告する。避難生活がどのようなものになるか、また起こる問
題はどのようなものか、具体的事例から今後の備えについて考えてみる。

2　半年以上続いた南三陸町の避難所

南三陸町の津波被害は、人口 1 万 7666 人、5362 世帯（2011 年 2 月末日現在住民
基本台帳）の居住地域において、市街地の 8 割超に当たる 1144ha が浸水し、死者
620 人、行方不明者 211 人、半壊以上の住家被害 3321 戸（61.9％）の被害が発生し
た[1]。最大避難者人数は、2011 年 3 月 19 日に、消防団などによる状況把握により、
33 の避難所に 9753 人が確認された。被災者らは町内外の約 150 ヵ所の避難所に身
を寄せていたと記録されている。これらすべての避難所が閉鎖（解消）されたのは
2011 年 10 月 21 日であった。避難所生活が 7 ヵ月強、継続されたこととなる。

3　南三陸町志津川中学校の避難所生活

筆者も参加した首都大学東京副学長（現・東京都立大学名誉教授）上野淳氏を筆
頭とした調査チームの記録（初回調査は 5 月 6 日。学校長・教職員へのヒアリング
結果や画像等）をもとに、避難所の様子を振り返る。

●発災から避難所生活序盤まで

発災当日、中学校では翌日の卒業式の準備のため、生徒、教職員全員が登校して
いた。避難の際、教職員はのちの心的外傷にも配慮して、津波が町を襲う様子を生
徒に見せないよう行動した。実際、高台に位置した中学校からは、押し寄せる津波
がよく見えたと聞いている（図 1）。

発災直後から生徒308名、避難住民250名の約600名が校内での避難生活を開始した。中学校が高台に位置していたため安全は確保できたものの、中学校に繋がる道路は津波と瓦礫で途絶し「陸の孤島」状態であった。水・食料・暖房・防寒具などは全く足りておらず、紅白幕やカーテンを体に巻いて暖を取った。また通信が途絶し一切の連絡ができず外部からの情報が全く入らない状況であったが、3日後から自衛隊の支援が開始され、発災10日後には衛星電話が開通した。電気は5月末の約2ヵ月半後に、水道は8月中旬までの約5ヵ月後に町内全域の復旧に至っている。

　本避難所では学校長が陣頭指揮をとり、学校生活と避難生活を両立させることが重視された。避難所として使用するのは教室以外の部分のみで、生徒には少しでも災害からの意識を逸らすため学習の時間や、リズムを持たせるためのカリキュラムが設定されていた。また避難者を数十人単位のグループに分け、部屋長会議を設定し必要なものや困りごとの情報を集約する仕組みをつくっていたことも特徴的である（図2）。学校長をはじめ、教員たちは津波を想定した一般的な避難訓練を受けていたが、発災後、教員や避難してきた大人を組織化し、避難所として運営を開始できたのは、学校長の生徒への強い配慮によるところが大きい。配慮すべき事項をしっかりと組織に説明し、自身らが被災者でもあること念頭に役割分担されている。

　避難所生活が開始して最初に問題が起こったのは3日目である。停電、断水によってトイレの水が流せなくなり、グラウンドに溝を掘り、ブルーシートで覆って仮設のトイレを設置した（図3）。

図1　高台に位置する中学校から眺めた街の様子（2011年5月6日撮影）

図2　避難所生活で作成された1日の流れ（2011年5月6日撮影）

次に起こった大きな問題は、「食料や支援物資とその保管」であった。食料に関しては不幸中の幸いであるが、本避難所は低い山の一部を切土して建っていたため、発災直後には裏山を隔てて津波被害を免れた集落から食料支援を受けることができた。生徒たちがバケツリレーで食料を避難所に運んでいた。ところが、徐々に被害の全容が報道で広がり、食料や支援物資が届き始めると、要不要を問わず送られてくるものが多すぎて、避難生活スペースが圧迫されていった。この頃、ひとたび「乳幼児の粉ミルクやおむつが不足しています」といった情報が流れると、メディアに登場しためぼしい避難所には、許容量を超えた大量の粉ミルクやおむつが届き、問題になっていた。本避難所でも、避難生活のスペースとして確保しようとしていた武道場が不要な物資置き場と化していた（図4）。

●避難所の統合再編で起きる生活の変化

　長期的に避難生活が継続すると考えられる場合には、避難所の統合再編が行われる。一時的に最寄りの避難所で生活していた避難者は、自衛隊等による道路網の復旧が完了すると、自身の居住地の近くの避難所に移動し、そこでの避難生活を開始するため、各避難所の人数が大きく変化するからだ。本避難所でも、避難者の集約、生活場所の変更・調整が起こり、発災直後約600人いた避難者は、約2ヵ月後には25名に減少し、避難所の統合再編が進んだ約3ヵ月後には約100名となった。3ヵ月目の調整では、もともと本避難所にいた約25名の避難者と、その他の避難所から調整されてきた約75名の避難者が生活を開始した。避難所の統合再編はあって然

図3　流すことができなくなったトイレ（2011年5月6日撮影）　図4　武道場に置かれた不要な支援物質（2011年5月6日撮影）

2-1　地域力が活かされた応急対応・滞在避難　　67

図5 再編統合直前の避難所（2011年5月6日撮影）

図6 再編統合後の避難所。新たに避難所に合流した方々（2011年6月11日撮影）

図7 再編統合後の避難所。もともと避難所にいた方々（2011年6月11日撮影）

るべきと考えるが、2～3ヵ月過ごした避難生活の支援状況や避難者の生活環境の捉え方が異なる場合、軋轢が生じる場合もある。図5は統合再編直前の様子で、再編統合後には図6のように変化している。他の避難所で支援物資として提供されたプライバシーを守る段ボール素材のついたて（高さ2m）が設置され、大きく環境が変化したことが確認できる。ただし、もともと本避難所で生活していた約25名は、図7のように着替えスペースにのみついたてを設置し、顔の見える環境で生活を継続していた。プライバシーと顔の見える関係のバランスについては、発災前の関係性や、避難者の年齢構成にもよる。どこの避難所でも起こり得ることであるが、当初不要（そこまで意識が回らない）であっても、一部には避難生活が長期化するなかでプライバシーを重視したいという気持ちが強くなり、ついたてを要望する気持ちになるが、「今さら言い出せない」「言っても声の大きな運営者の一存で採用されない」といった意見もあった。避難所生活の長期化には、有形無形のプレッシャーも伴う。

●避難所の閉鎖から生活再建に向けて

発災から4ヵ月程度が経過すると、他地域での生活再建や仮設住宅への入居等により、避難者数も減少していった（図8）。本避難所では8月19日に避難所は閉鎖され、2学期の始業式が8月22日に行われた。約5ヵ月間の避難所は日常の学校へ

図8 約4ヵ月後の避難所（2011年7月9日撮影）　　図9 避難所閉鎖後の体育館（2011年8月29日撮影）

と戻っていった（図9）。南三陸町では、2011年8月31日に町内外58ヵ所に仮設住宅2195戸が完成し、最大約5840人が入居した。避難所の閉鎖や仮設住宅への入居は復旧に向けた第一歩であったが、仮設住宅の入居者がゼロになったのは2019年12月であった。甚大な被害をもたらした災害からの生活再建は、長い年月を要することがわかる。

4　避難所調査から見える備え

現在の日本では、いつどこでどのような災害に遭遇するかわからない。突然に避難所生活が始まる可能性があり、朝昼晩、春夏秋冬などの"いつ"、自宅、旅先、職場でといった"どこで"、地震、水害、火災といった"どのような"状況かも多様である。志津川中学校の例からもわかるように、水やトイレ、生活環境などは、どのような災害にも共通する問題となる。過剰な備えは負担となるが、一人ひとりがそれぞれの身体や家族の状況、生活習慣などに応じて具体的な避難のイメージを持つことが、志津川中学校で見られたような初期の的確な行動に繋がり、近年頻発している災害に対する備えの基盤となると考えられる。

参考文献
1) 南三陸町「東日本大震災による被害の状況について」
　https://www.town.minamisanriku.miyagi.jp/index.cfm/17,181,21,html（2023年8月1日最終閲覧）

03 住民の発案で民間宿泊施設を避難所に
紀伊半島豪雨（2011年）／和歌山県東牟婁郡那智勝浦町　　　本塚智貴

和歌山県東牟婁郡那智勝浦町市野々区と砂防堰堤

1 選択型分散避難の検討

　近年、避難所における夏場の熱中症対策の必要性や新型コロナウイルス感染症の拡大に伴う3密回避等の理由から、避難所の環境や避難所として利用する施設の再検討が求められてきている。内閣府は、①分散避難に向けた行動の周知、②ホテル・旅館等も活用した可能な限り多くの避難所の開設の促進、③避難所における新型コロナウイルス感染症への対応の周知、④災害発生時における新型コロナウイルス感染症患者等に関する情報共有など、感染症対策に万全を期すよう、関係省庁が連携して地方公共団体の取り組みに対して様々な助言を行っている[1]。

　災害からの避難に際しては、行政によって指定された避難所だけではなく、避難者が自らの安全を最優先に考えて避難先を選択し、一部の施設に集中せずに分散して避難する「選択型分散避難」の検討も必要である。

　選択型分散避難の選択肢のひとつとして民間宿泊施設の避難所利用が挙げられる。しかし、民間宿泊施設の避難所利用は、安全性やプライバシーの確保、避難者の個別ニーズへの対応といったメリットがある反面、避難所利用時の宿泊費や宿泊施設従業員の安全確保、事業継続の可否、公的支援ネットワークからの漏れといったデ

メリットも考えられる。

2　紀伊半島大水害と那智勝浦町

●那智勝浦町

　那智勝浦町は、和歌山県の南東部に位置し、人口は約1万4000人、高齢化率は約43%、町の面積の約90%が森林である。町内には、世界遺産「紀伊山地の霊場と参詣道」にも登録された熊野那智大社、那智山青岸渡寺、那智の滝といった観光地がある。また、港町としても栄えており、生まぐろの水揚げ量は日本一を誇っており、良質の天然温泉も多いことから観光地としても人気で国内外から多くの観光客が来訪している。

● 2011年紀伊半島豪雨

　2011年台風第12号による大雨により、和歌山県の一部の地域では雨量が2000mmを超えた。和歌山県南部を中心に深層崩壊や土石流などの土砂災害が発生し、「紀伊半島大水害」と呼ばれる大きな被害が発生した。和歌山県の記録[2]では、住宅被害は全壊240棟、半壊1753棟、一部破損85棟、床上浸水2706棟、床下浸水3149棟の合計7933棟。人的被害は死者56人、行方不明者5人、重傷者5人、軽症者3人の合計69人となっており、そのうち29人が和歌山県東牟婁郡那智勝浦町であった。

3　過酷な避難所環境をなんとかしたい

●地域住民の発案による宿泊施設の避難所利用案

　那智勝浦町の中でも特に土砂災害の被害が大きかった那智谷の市野々区、井関区、八反田区の3区では、紀伊半島大水害後、地域が一丸となって復旧・復興に向けた活動を進めてきた。3区の有志やボランティアが集まり様々な話し合いを行うなかで、避難所の生活環境改善についても話し合われた（図1）。そこでは今回の災害で、那智勝浦町によって洪水・土砂災害等の際に指定されている地区の避難所である市野々小学校の1階に、河川氾濫および土石流による大きな被害が発生したことや、体育館での過酷な避難所生活の経験が共有され、今後も同様の可能性があることに不安を感じる住民も少なくなかった。こうした中、「宿泊施設も台風や豪雨のときには宿泊客にキャンセルが出ていると思うので、避難所として宿泊施設の利用がで

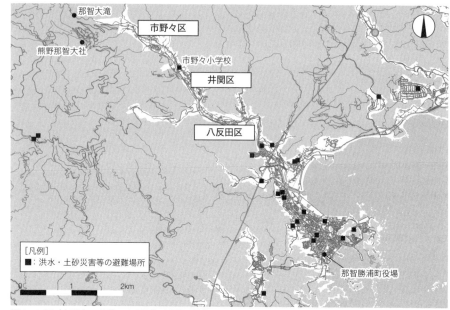

図1　3区（市野々・井関・八反田）と那智勝浦町の避難場所の位置関係

きないか」というアイデアが出てきた。

　宿泊施設を避難所として利用するというアイデアを実現するために、3区の代表者は那智勝浦町役場に避難所のひとつとして宿泊施設を利用することを町として検討して欲しいと依頼した。しかし、役場の担当者は紀伊半島大水害からの復旧・復興業務に追われており、地区からの要望にすぐには対応できる状況にはなかった。そこで、3区が独自に宿泊施設と交渉することに対し、役場からの了解を得ることで、宿泊施設の避難所利用の実現に向けた計画を進めることになった。

● 地区と旅館組合との交渉

　2012年5月20日の3区の区長会で、まずは旅館組合をとおしてお願いしてみようということになった。6月1日にホテル浦島で開催された町区長連合会の後に旅館組合長であるホテル浦島社長のA氏に依頼したところ、旅館組合で検討して返事を貰う約束をとりつけることができた。6月23日に旅館組合およびホテル浦島を訪問し、A氏と災害時に3区の避難者の宿泊施設での受け入れ等について協議を行い、6月25日には避難者を受け入れる承諾を得ることができた。

　避難者の受け入れに協力する施設の選定や条件、料金設定などは旅館組合による

もので、3区の代表が驚くような価格が提示されていた。旅館組合の承諾連絡を受け、3区ではすぐに「避難者のための宿泊施設について」を作成し、6月29日には3区の住民に周知することになった。

● ペット同行避難への対応

　3区が独自に聞き取りやアンケートで地域住民の避難意向に関する調査を行ったところ、「避難しない、避難したくない」理由として、「避難所環境への不満」、「家族に病人や身体が不自由な人がいる」、「子どもの夜泣き」、「トイレが近いので他人に迷惑がかかる」、「ペットがいる」といった課題があることが明らかになった。これらの課題に対応するために、より多くの宿泊施設に対して協力依頼を進めることになった。

　特に住民にとって家族同然のペットの対応については、特段の配慮ができていなかったことから、平時からペット連れの宿泊が可能な施設を中心にペット同伴での災害時の宿泊施設利用への協力依頼を進められました。

　那智勝浦町ではなく、3区が独自に主導したことから、交渉先となる宿泊施設は那智勝浦町内に限定するのではなく、近隣の太地町や地区から30km以上も離れた串本町など町外の施設に対しても依頼が行われ、宿泊施設の協力を得ることができ

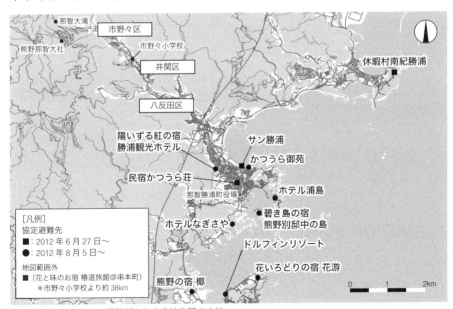

図2　3区と対象となる避難所となる宿泊施設の立地

た。いずれの宿泊施設に対しても、旅館組合が設定した条件をベースに依頼することになり、避難者が安価で利用できるような無理なお願いをすることになったが、多くの宿泊施設が前向きに検討し、複数の施設からの協力を得ることに繋がった（図2）。

●那智勝浦町の対応

　那智勝浦町においても町内の避難所収容人数不足への対応が以前から話し合われており、宿泊施設の避難所利用についても検討が進められてきた。特に政府から新型コロナの感染症対策が求められたことから、避難所の収容人数不足への対応が喫緊の課題となり、宿泊施設の避難所利用について再検討することになった。そこで先行する3区の取り組みも参考にしつつ、2020年6月25日に町として町内の16ヵ所の宿泊施設と避難所として活用する協定を締結することになった。

　3区と旅館組合の協定との違いは、①利用者の自己負担が一律2000円となったこと、②部屋の大きさなど仕様に関わらず統一料金とすること、③食事代等は個別サービス、入湯税は別途個人負担とすること、④那智勝浦町内の協力施設が対象となること、⑤住民が避難所として宿泊施設を利用した場合については、1人あたり1泊5000円を町が負担することだった。

　3区としては那智勝浦町と宿泊施設との新たな協定により、利用者の金銭的な負担が増えてしまうことや、新型コロナ禍後に町からの補助金がなくなることによって、これまでの協定が無意味になってしまうことへの不安があった。そこで、那智勝浦町は、協定締結にあたって住民の負担増に繋がらないように十分に配慮して、検討を行った。さらに、避難者の自己負担金については「1泊」ではなく「1回」とすることでより避難者が災害の状況に合わせて利用しやすい形となった。その一方で、宿泊施設に対しては1日あたり5000円の協力金を町から支払うことになっており、宿泊施設に対する配慮も同時に行われている。また、協力金については、過去の災害時の避難所利用実績をもとに毎年の予算の確保が行われている。

4　宿泊施設の避難所利用の未来

●非日常の際の日常

　那智勝浦町では3区主体の取り組みを町が引き継ぐ形で地域の資源を活かした取り組みが続けられている。実際に避難者を受け入れた民間宿泊施設の代表者からは、

警報発令のたびにペットを連れて宿泊に来てくれる避難者の方との交流が生まれており、避難者との交流を楽しみにしている様子から非日常の際の日常が生まれていることがわかった。また、こうした民間宿泊施設が災害時の避難所として協力できている背景として、ある施設の代表者からは「紀伊半島大水害」を一緒に経験したことが協力に繋がっているという話を聞くことができた。

●民間宿泊施設の避難所利用の課題

　宿泊施設の代表者からは、正規料金ではないが、避難者自身が負担金を支払っていることから、施設利用者を避難者として考えるのか、お客様として考えるかの線引きが難しいといった課題があげられた。宿泊施設としては地域との連携ということで特別な条件での対応をしており、民間宿泊施設と避難者でお互いの認識がずれてくると信頼関係が壊れてしまう可能性がある。民間宿泊施設の避難所利用を含めた避難者による選択型分散避難の実現のためには、施設側の視点からも宿泊施設の避難所利用の実態と課題についても検証する必要がある。

参考文献
1)　内閣府「令和3年版 防災白書」2021年
2)　和歌山県土砂災害啓発センター「平成23年紀伊半島大水害の概要」
　　https://www.pref.wakayama.lg.jp/prefg/080604/2011disaster/2011disaster.html（2024年6月30日最終閲覧）

04 住民主体による仮設の災害対応拠点

ジャワ島中部地震（2006年）／インドネシア・ジョグジャカルタ　　本塚智貴

ジャワ島中部地震時に設置されたPOSKOで食事の準備をする様子　(撮影：Eko Prawoto)

1 「想定外」の呪縛

　近年、日本では災害が発生するたびに「想定外」という言葉が繰り返されている。「想定外」とはいったいどういうことなのか。想定することは大切なことで「想定外」を防ぐためにハザードマップや様々なマニュアルの整備が行われている。しかし、事前に備えていないことはできないと盲目的になるのではなく、仮に備えていない事態に遭遇したとしても「想定外」に立ち向かえるような災害対応を考える必要があるのではないか。

2 災害大国インドネシアからの学び

●「想定外」はない？

　日本と同じような地理的条件を持ち、地震、津波、火山、洪水、地滑り、森林火災といった自然災害が毎年のように発生しているインドネシアで災害対応の調査をしていた際に地域の方からインドネシアでは「想定外」は起こり得ないという話を聞く機会があった。不思議に思ってそれはなぜかと尋ねてみると「インドネシアではそもそも災害の想定が出来ていないから、想定外など起こり得ない。想定してい

なかったとしても、その場の課題を解決していけばいい」と教えられた。笑い話のように聞こえるかもしれないが、筆者自身は目から鱗が落ちるような衝撃を受けた。

● POSKO を利用した災害対応

インドネシアの災害対応において、大きな役割を果たしているものが「POSKO」である。POSKO は、災害の種類に関係なく災害対応の拠点として仮設で設置されるもので、机がひとつあるだけのものから日本の避難所のようなものまでその形は様々である。POSKO はインドネシア語で拠点を意味する「Pos」と命令を意味する「Komando」もしくは調整を意味する「Kordinasi」、共同を意味する「Koperasi」の合成語とされている。インドネシア語圏の人は主に「Pos」＋「Komando」の合成語であると言っており、インドネシア軍のベースキャンプが起源とされ、1949 年にはインドネシア軍の記録として POSKO の存在を確認することができる。

その後、1960 年代や 1990 年代にインドネシア国内で紛争や暴動が発生した際には、暴動の鎮圧のためだけでなく、被害の拡大を防ぐために紛争者間の仲介や地域の安全確保を目的として軍や警察によって POSKO が設置・利用されてきた。

こうした POSKO は、1990 年代から自然災害時にも設置されるようになり、災害発生後に支援を受ける、支援をする、みんなで協力し合うなど様々な用途で POSKO が設置され、必要に応じて位置や数、機能、運営者、ルールを決めて柔軟に運営されている。

災害後の対応でありながらも、災害の種類に関係なく災害対応の拠点として機能していることから、日本が目指している「しなやかな災害対応」が実現できている事例と言えるのではないだろうか。

3　コミュニティの拠点としての POSKO

● 2006 年ジャワ島中部地震からの自力での住宅再建

2006 年 5 月 27 日にジャワ島中部ジョグジャカルタ近郊で M6.2 の地震が発生した。この地震による死者数は 5700 名以上、負傷者数は 3 万 7000 名以上、被害家屋数は約 20 万棟と言われている。被害の中心はジョグジャカルタ市の南に位置する Bantul 県の農村集落だった（図 1）。Ngibikan 集落の RT5 では地震によって集落内の約 8 割の住宅が倒壊や大きな被害を受けたにもかかわらず、被災後も居住していた集落内に留まって生活を継続した。集落では都市部からの支援を受け、「Gotong-Roy-

図1 被災地の様子 (撮影：Eko Prawoto)

図2 個人の敷地に設置されたPOSKOを避難場所として利用する (撮影：Eko Prawoto)

ong」と呼ばれる相互扶助の精神を活かした取り組みにより、1年間で地震による被害を受けたすべての住宅を自力で再建および修復した。

● POSKOを利用した避難生活

多くの建物が倒壊し、事前に指定された避難所がない状況下での避難生活を支えたのがPOSKOだった。被災後すぐに集落の住民たちによって設置され、災害対応に必要な機能として、避難、炊事、情報集約、医療、受援・分配、会議の6つの機能があった。設置場所は公的な施設や広場ではなく、倒壊した住宅の前庭を利用して設置された。この敷地を選んだ理由は道路にも出やすく、集落外からの支援を受けるのに最適だったことが1番の理由である。また、テントがPOSKOというわけではなく、共同で利用していた井戸や屋外炊事場を含めた空間をPOSKOとして認識しており、日射を避ける木陰など集落の自然環境も考えた上で敷地が選ばれていた（図2、3）。インドネシアでは、事前の想定や準備がなくとも、そのとき必要なことを実行するために最適な敷地を選び、その

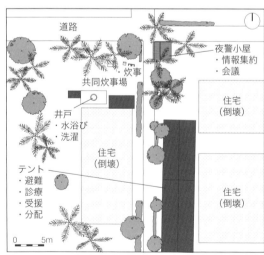
図3 POSKOの配置図

場に集まった人が協力して災害に立ち向かうということが当たり前のように行われていた。

4　様々な情報ツールを使いこなした POSKO 支援

● 2010 年メラピ火山噴火災害

　メラピ火山（2968m）は、ジョグジャカルタ市の北約 30km に位置する火山である。2010 年 10 月 26 日の噴火では、爆発的な噴火による火砕流が山腹の集落を襲い約 40 人が死亡した。その後、11 月 4 日から 5 日にかけて最大規模の噴火をし、12 月初めまで断続的な噴火を繰り返した。行政による避難勧告地域は徐々に拡大され、最大時には約 40 万人が避難することになり、被害は複数の自治体に及んだ。

　被災地が広大で、状況が日々変化する中、行政は支援を効率的に行うために競技場などの大型施設を公式な POSKO（避難所）として指定したが、収容人数を超えた避難者が発生する事態となった。メラピ火山の噴火災害の情報はインドネシアのマスメディアでも大きく報じられたが、マスメディアが報じる情報は日本と同様に一部の事例に集中したことから、公式な POSKO として指定された競技場に支援が集中することとなり、一部の POSKO に必要以上の支援が集まることになった。

● Jalin Merapi による被災者支援

　こうした中、コミュニティラジオ局が中心となった Jalin Merapi（Jalin ＝結ぶ。以下、JM）という組織が非公式に設置された POSKO の支援活動を展開した。JM は、NGO 組織である COMBINE のスタッフ 20 名が中心となり、Web サイトを通じて集まった総勢 2000 名近いボランティアが連動して支援活動を展開した。ボランティアの役割は主に情報収集であり、地域社会に何が起こっているのか、被災者が何を必要としているのかといった情報をトランシーバー、ラジオ、携帯電話、facebook、twitter そして email といった様々なツールを駆使して収集し、情報の集約をしていった。被災前の JM のウェブサイト[1]は、メラピ火山周辺地域の観光情報などを紹介しているのみだったが、被災後に国内外のボランティアの手によって改良が加えられ、被災地域の情報が集約されるようになり、インドネシア国内だけでなく海外にも情報を発信することで、受援者のニーズと支援のマッチングに繋げていった（図 4）。

　例えば、ある避難所から 6000 人分のお弁当が不足しているという情報が SNS で

発信される。その情報を得た JM では発信者に個別に連絡をとり、その情報の真偽を確かめる。真偽が確認された情報は JM が確認済の情報として JM の HP や SNS を利用して要支援情報として発信した（図5）。

　この避難所に対して支援が可能という情報がよせられた場合も同様に発信者に連絡をとり、情報の真偽を確かめた上で避難所担当者に繋いでいく。受援者と支援者のマッチングが終わった情報については、すでに解決済みとして情報を発信していった。こうした情報の確認、マッチングはツール毎にボランティアが配置され、24時間体制で対応していた。

　また間違った情報についても、訂正した情報を数多く流すことで正確な情報の発信・流通に心がけていた。非常にアナログな手法であるが、こうした対応によって非公式に設置された POSKO に対しても支援が届けられていた。

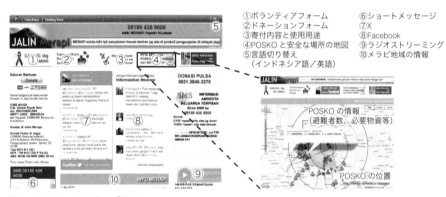

図4　Jalin Merapi のウェブサイト

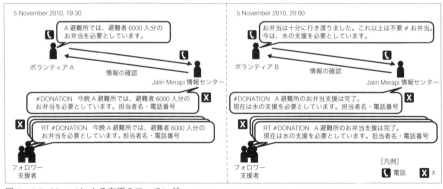

図5　Jalin Merapi による支援のマッチング

5　日本の被災地にも POSKO が

●コロナ禍におけるボランティアの制限

　2020 年 7 月豪雨水害では熊本県を中心に日本各地に大きな被害が発生した。被災地域での新型コロナウイルス感染症拡大への懸念から、ボランティアの募集に際してもボランティアの募集範囲を、被災地域（被災県内あるいは市町村内）に限定するなどといった対応がとられ、被災地外からのボランティアが駆けつけられない厳しい状況が続いた。

●日本版 POSKO

　被災地 NGO 協働センターの報告では、被災地では地域の個人宅や商店、銀行、商工会、ライオンズ、寺、神社、保育園、NPO など、地域の資源（ソーシャルキャピタル）が最大限、力と知恵を出し合って頑張っている姿が伝えられた。県外からの支援が全く期待できない中で、被災者自身が地域のために助け合っている姿はまさに「日本版 POSKO」と言えるものであった。

　被災地 NGO 協働センターはこうした「日本版 POSKO」に対して、公益社団法人 CIVIC FORCE と連携して地域外から寄付や物資を送ることが、被災者を勇気づけ、「コミュニティ再生」に繋がると確信し、支援活動を行なっていた[2]。

●「想定外」をのりこえる

　「想定外」といって思考停止してしまうのではなく、小さな活動かもしれないが、誰かに頼ったり委ねたりするのではなく、被災者自身が自らの生活を取り戻すために力を発揮する。そのような仕組みとそれに対する支援があれば、「想定外」を乗り越えることができる。これからの災害対応では、従前の備えだけでなく災害が起こった後の被害状況に対応していくインドネシアの避難所対応からの学びも必要になってくる。

参考文献
1)　Jalin Merapi ウェブサイト、http://merapi.combine.or.id（現在は閉鎖）
2)　公益社団法人 CIVIC FORCE「被災地復興のキーパーソンを探す『日本版 POSKO プロジェクト』─ NPO パートナー協働事業」https://www.civic-force.org/info/activities/heavyrain202007/20200826.html（2024 年 6 月 30 日最終閲覧）

05 生業景を受け継ぐ復興計画
北但馬地震（1925年）／兵庫県豊岡市城崎温泉
　　　　　　　　　　　　　　　　　　　　　　菊池義浩

地蔵湯橋から見た城崎温泉街の町並み

1　災害と向き合ってきた日本

　兵庫県淡路島北端を震源とする兵庫県南部地震（災害名：阪神・淡路大震災）の発生から、2020年で25周年を迎えた。この災害は都市機能が集積する地域を襲った直下型地震で、当時の緊急対応や復旧・復興の過程で培われた経験は、その後の防災対策に大きな影響を与えてきたと言える。

　1925年、同じ兵庫県の北部では当時の最大階級である震度6を観測した北但馬地震が起きており、周辺の地域に甚大な被害をもたらした。北但大震災と呼ばれるこの災害により、1300年以上の歴史を有すると言われる城崎温泉も壊滅的な被害を受けたが、当時の町長のリーダーシップと住民の協力により力強く復興した。城崎温泉の災害と復興、また、震災復興で形成された町並みを今日のまちづくりに活かしてきた過程を振り返り、今に活かせるヒントを紹介する。

2　城崎温泉の成り立ち

　城崎町（現豊岡市）は、朝来市生野の円山を水源として日本海へ流れる円山川（一級河川）の河口に位置し、日本海側気候（北陸・山陰型）に属している。冬季の

降雪が多く豪雪地帯に指定されている一方で、夏季はフェーン現象の影響により高温になるのが特徴である。

城崎温泉は古くから温泉地として栄えてきた。その起源を振り返ると、後に温泉寺を開創（738 年）した道智上人が鎮守四所明神の神託を受けて、千日の修行の末に湧出させた「曼陀羅湯」（720 年）が発祥とされている。また、それより古い舒明天皇（在位 629 ～ 641 年）の頃に、現在では特別天然記念物に指定されているコウノトリが傷を癒しているのを見て発見された「鴻の湯」の伝説が残されており、どちらも伝承の域を出ないものの温泉地としての歴史の深さを感じさせてくれる（図 1）。

これまで、多くの文人墨客や大衆に湯治やくつろぎの場として愛され、文豪の湯志賀直哉が交通事故の療養のためにこの地に滞在し、そのときの体験をもとに『城の崎にて』を執筆したことでも有名である。文化活動と調和しながら独自の伝統を形成してきた履歴は、城崎温泉を訪れる人たちに味わい深い魅力を提供している。

3　北但大震災と復興

1925 年 3 月 25 日 11 時 10 分頃に発生した北但大震災は、城崎町にとって大きな分岐点となった。M6.8 を記録したこの直下型地震により、城崎町の犠牲者は 272 人を数え、家屋被害は 702 戸中の 548 戸が焼失（半壊・破損は 94 戸）するなど、ほぼ壊滅状態に陥っている（図 2）。

図 1　被災前の城崎温泉 (出典：野口保興編『地理写真帖内國之部第 4 帙』東洋社、1900 年、国立国会図書館デジタルコレクション、https://dl.ndl.go.jp/pid/761461/1/41（2024 年 8 月 7 日最終閲覧））

図 2　北但大震災後の城崎温泉 (出典：大阪毎日新聞社編『但馬丹後震災画報』大阪毎日新聞社、1925 年、国立国会図書館デジタルコレクション、https://dl.ndl.go.jp/pid/967851（2024 年 8 月 7 日最終閲覧））

城崎町史[1]によると、城崎町では復興にあたり共同浴場（外湯）の再建を中心とした温泉地の再興を事業計画の基軸として示し、3年間を復興目標とすること、道路や住宅地の大整理を行うこと、町民の居住地が安定してきた時期に町民大会を開催して決議することを町政の方針とした（図3）。町民を巻き込んだ会議は100回近く開催され、「全地主が公簿面積の一割を町に無償提供する」、「県の防火建築案に反対する」などが決定されている[2]。また、地元の方が保管されていた資料の中に、共同浴場の「御所の湯」「柳湯」「鴻の湯」の三湯は鉄筋コンクリート造ではなく、木造建築とすることを希望する「昭和弐（1927）年六月」付の嘆願書が残されていた（図4）。このように住民の意見を組み込みながら復興計画が進められたことは、注目に値すると言えるであろう。

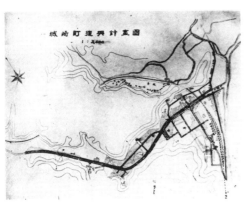

図3　城崎町復興計画図（出典：兵庫県編『北但震災誌』兵庫県、1926年、国立国会図書館デジタルコレクション、https://dl.ndl.go.jp/info:ndljp/pid/1020859（2020年7月25日最終閲覧））

　結果として、城崎温泉の風情を損なわないように配慮しながら、耐火構造による共同浴場の分散配置、公共建築等による防火建築群（防火帯）の設置、区画整理による小空地の配置計画など防災上の工夫が取り入れられている[2]。現在の城崎温泉の基礎となる町並みがほぼ整ったのは、1935年とのことである。このような経過をたどりながら、木造3階建

図4　木造で共同浴場の再建を求める嘆願書

84　2章　大規模な災害復興で見られたしなやかな対応

ての旅館が立ち並びつつも、防災の性能を備えた市街地空間が形成され、趣ある景観となって今日まで継承されてきた。

4 城崎の現在

現在、城崎温泉の外湯は「鴻の湯」「まんだら湯」「御所の湯」「一の湯」「柳湯」「地蔵湯」「さとの湯」の計7ヵ所設置されている（図5）。近年における温泉観光地の問題として、宿泊施設が大型化・近代化し、館内で観光客のニーズを満足させて外出する必要性をなくす「囲い込み」が進んだことによる、地域自体の衰退が指摘されてきた。城崎が大切に守ってきた外湯の文化は、人々がまちを歩く空間的な仕組みとも受け取れるであろう。それは日常生活に交流と賑わいをもたらし、また、観光客に町並みを楽しんでもらう装置として、温泉街の衰退を防いできたとも捉えられる。

図6は1927年に建設された旧城崎郵便局で、国登録有形文化財に登録されている。鉄筋コンクリート造2階建て、火災時の延焼を防止することも意図して建てられたもので、現在は豊岡の地場産業である鞄店のショップ（BAG GALLERY 玄武）として利用されている。また、温泉寺

図5　一の湯の外観（現在の建物は1999年に建て替えられたもの）

図6　城崎の復興建築（旧城崎郵便局）

図7　火伏壁と三十三間広場の様子

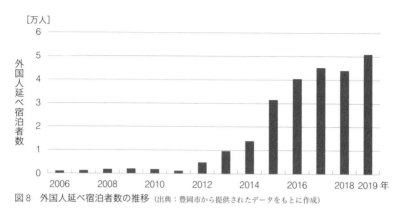

図8　外国人延べ宿泊者数の推移（出典：豊岡市から提供されたデータをもとに作成）

に繋がる城崎温泉ロープウェイ山麓駅周辺には、当時の町長である西村佐兵衛の銅像がその功績を称える銘文とともに残されており、新たなまちづくり計画のリーディングプロジェクトとして建設された木屋町小路（設計：早稲田大学後藤春彦研究室）には火伏壁が設けられ、回遊性・賑わいの創出とともに復興経験の承継が図られている（図7）。このようにまちの各所に見られる復興時の建造物や当時のことを伝える記念碑および公共空間からも、災害復興の記憶を見て取ることができる。

　なお、城崎では近年、外国人観光客の誘致に力を入れており、2006年の961人から2019年には5万783人まで伸び、13年間で約53倍に大きく増加している（図8）。浴衣を着て外湯をめぐるという文化と調和した景観が、日本ならでは風情を体験したい海外旅行者の興味を引くのであろう。被災から100年近くが経過しながら、伝統的な温泉地として新たな展開をみせている城崎町の復興計画のあり方は、災害多発国かつ社会の縮退化が進む日本のまちづくりを考える上で、多くの示唆を与えてくれる。

5　町並みを受け継ぎ、その先へ

　豊岡市では「豊岡市城崎温泉地区における歴史的建築物の保存及び活用に関する条例」を制定（2017年4月施行）し、歴史的な町並みの継承に取り組んでおり、2020年2月には同条例に関する認知度・関心度の向上や意識啓発等を目的とした「城崎歴文会議」（主催：豊岡市）が開催された。サブタイトルには「これからの城崎温泉のまちなみを考えるシンポジウム」とあり、この先のまちづくりについて、城崎に関わる多様な人たちが参加しながら広く議論していこうという趣旨を含んだもの

となっている。当日は多くの参加者がみられ、住民のまちづくりに対する意識の高さがうかがえた。

　新型コロナウイルス感染症の影響により、人々の往来が減少し世界中の観光地で大きな打撃を受けた。城崎温泉も例外ではなく、城崎温泉旅館協同組合では感染者を出さないという決意のもと、市内の観光宿泊施設に対する自粛要請を豊岡市に申し入れ、緊急事態宣言に伴う旅館の一斉休業を決定・実施した。また、城崎温泉観光協会では専門家によるアドバイスや豊岡市の協力を得て「城崎温泉における新型コロナウイルス感染症対策ガイドライン」を作成しており、コロナ禍収束後の観光客やスタッフの回復に悩みつつも、地域が主体となった対応を実践した。

　自然災害と感染症の違いはあるものの、危機に直面した際におけるこのような行動から、北但大震災の復興を住民参加で成し遂げた過去の経験が発揮されたように感じられる。テキストとして残されている地域の歴史を学びながら、その文脈を反映する景観に常に触れていることで、地域のアイデンティティとしてそこに住む人たちに浸透しているのではないだろうか。これからも城崎の町並みと震災復興の記憶は、次の世代へと受け継がれてゆくだろう。

参考文献
1)　城崎町史編纂委員会編『城崎町史』城崎町、1988 年
2)　越山健治・室崎益輝「災害復興計画における都市計画と事業進展状況に関する研究：北但馬地震（1925）における城崎町、豊岡町の事例」『日本都市計学会学術研究論文集』1999 年 10 月

共同研究
阪本真由美（兵庫県立大学教授）、松井敬代（豊岡まち塾副塾長）

06 現地再建で再形成されるコミュニティ

東日本大震災（2011年）／宮城県仙台市若林区三本塚地区　　　田澤紘子

農地交付金を活用して開催された「三本塚ふるさと交流会」

1　地域コミュニティ再構築が当事者に委ねられた現地再建エリア

●大震災による仙台市沿岸地域の現状

　2011年3月に発生した東日本大震災（以下、大震災）では、東北地方の沿岸地域が津波による甚大な被害を受けた。仙台市においては、津波の浸水面積は4523ha、浸水世帯は8110世帯にのぼり、独自の支援策を設けながら復旧・復興事業を進めてきた。大震災から10年以上が経過した現在、災害危険区域となり防災集団移転対象地となった太平洋に面するエリアは、仙台市による防災集団移転跡地利活用事業が行われ、誘客施設の設置等、これまでの利用とは一線を画す「新しいにぎわいづくり」を目指している。

　では一方で、災害危険区域外の被災したエリアの現状はどうだろうか。災害危険区域から除外されたからといって、被災状況が軽微であったとは言えず、現地再建が可能と判断されたエリア（以下、現地再建エリア）においても、浸水による被害は深刻であった。

　現地再建エリアにおいては、住宅再建をはじめとした個別支援の他、防潮堤や嵩上げ道路の整備、仙台平野の基幹産業である農業用地の大規模化等、ハード整備が

88　2章　大規模な災害復興で見られたしなやかな対応

進められていったが、地域コミュニティの再構築は被災した当事者に委ねられていた状況であった。

本稿では、そうした現地再建エリアのうち、若林区三本塚地区を取り上げる。大震災後の三本塚地区では、様々な場づくりをとおして多世代が集まる機会をつくり出し、地域コミュニティの再構築を目指してきた。なぜ「集まること」に注力し続けたのか、震災前後における三本塚地区の農村ならではの「集まり方」に着目しながら、その要因を考察する。

●三本塚地区の概要

仙台市若林区三本塚地区は、仙台市東部に位置する、海岸線から 2km ほど内陸にある農村集落である。江戸時代に行われた新田開発が現在の集落形成の基礎となっている。大震災前は 106 世帯、約 400 名が暮らしていた。

大震災では、三本塚地区を約 2m の津波が襲い、町内では 10 名の死者が出た。また、106 世帯すべての家屋が全壊判定となった。地区住民は、近隣の指定避難所である六郷中学校に一時避難し、その後、プレハブ仮設住宅や借り上げ型仮設住宅への入居を経て、翌年から住民が地区に戻り始めた。仙台市は 2011 年 12 月に災害危険区域の指定を行ったが、三本塚地区はこの指定からは外れた。

津波被害により地区内の拠点施設だった集会所も流失したが、2013 年からプレハブの仮設集会所が設置され、地区内における住民活動を支えた。2017 年 3 月には、津波避難施設が地区内に 2 ヵ所整備されたことに伴い、仮設集会所は撤去された。しかしながら、住民からの強い要望を受け、仙台市と宮城県からの補助金を活用して 2020 年 3 月に元の敷地内に新しい集会所が設置された。現在、三本塚地区には 73 世帯 268 名の住民が暮らしており、耕地面積は田 130ha、畑 14ha である。

2 集まり方の変遷

●ともに手を貸し合った共同作業

農村である三本塚地区は、草刈りや用水路の掃除といった農地周縁部の管理行為を共同で行ってきた経緯がある。町内会の土木係が中心となり、農地所有者からその面積に応じて管理費用を集め、そこから作業に参加した住民への日当や機材の燃料費を賄っていた[1]。このようなやり方は、管理費用の算出方法に差はあるものの、一般的な手段である。そうした中で三本塚地区の特筆すべき点は、一般的には農地

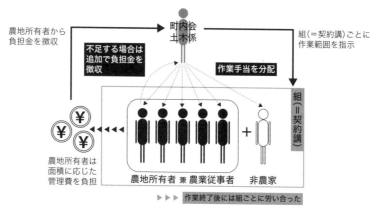

図1　農地周縁部の管理形態（～2006年）

所有者が参加する共同管理作業に「非農家も参加できる」という点である（図1）。なぜ非農家も参加できるようになったのか、その理由は定かではないが、住民の話では、以前から農家・非農家関係なく共同作業に参加していたという。

この共同作業は町内の近隣世帯で組織される「組」単位で行われ、終わった後は各組で慰労を兼ねたバーベキューが開かれ、旅行に行くこともあったという。「たしかに大変な作業だったが、その後の楽しみのほうが大きかった」という住民の声も聞かれた。

● 農村としての危機感を共有

三本塚地区の農地周縁部の共同管理形態に変化が訪れたのは、農水省が2007年度から始めた「農地・水保全管理支払交付金」（2014年度以降は「多面的機能支払交付金」に改称／以下、農地交付金）である。これにより、農地所有者が管理費用を負担する必要はなくなり、集落の農地面積に応じて与えられる農地交付金によって共同作業にかかる費用を賄えるようになった（図2）。町内会が主導していた共同管理も、農地交付金の受け皿として設立した「三本塚集落資源保全隊」が担うようになった。

制度が導入された背景には、全国的な農業の担い手不足の深刻化があり、それは三本塚地区も例外ではなかった。三本塚地区では、土地持ち非農家の増加によって農業への関心が低下し、それに伴う共同作業への参加率の低下が、景観の荒廃化や農業によって支えられてきた地域コミュニティの脆弱化を招くのではないかと懸念されていた。そこで、こうした農業に関わる課題も含め、今後の集落づくりを検討

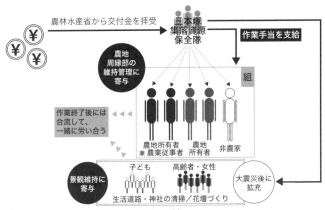

図2　農地周縁部の管理形態（2007年以降）

する場として、任意団体「明日の三本塚を考える会」（以下、考える会）が2007年に設立された。メンバーは1960年代から共同作業に参加し、農業や農家の変化を目の当たりにしてきた世代であり、危機感も共有しやすかったという。

震災までの4年間は、定期的に話し合う場面を設けただけでなく、パソコンが得意なメンバーが高齢者や女性の農業従事者に対してパソコン教室を開催し、ラベルづくりを指導することで、農作物を小売りしやすい作業環境の整備や、農作業以外で農業を支えていく人材の育成等に取り組んでいった。

● 農村としての危機感を共有

大震災によって農地が甚大な浸水被害を受けたことにより、農地交付金の活用も2011年度からの2年間は休止された。しかしながら、避難所にてパソコン教室が再開される等、被災前の考える会の活動が被災直後という混乱期における日常との接点をつくっていた。

また、避難所を退去した後も、考える会は町内会と協力して、復興に向けた地域づくりを検討するための学習会の開催やお便りの発行を通じた復興状況の情報発信等、住民の主体性を活かした独自の復興過程を歩んでいった（図3）。被災したにもかかわらず、こうした行動が可能であ

図3　「明日の三本塚を考える会」が主催した学習会の様子

ったのは、震災前から地区の課題を共有する場面があったからであると考える。

● 共同作業を再定義

　震災によって、三本塚地区は3割の世帯が転居し、従前の地域コミュニティの維持が懸念されていた。集会所も流失し、個人の生活再建が優先された2011〜2012年度は集落として集まる機会も激減していた。こうした状況を前に、三本塚町内会は三本塚集落資源保全隊と協力して、農地交付金を活用することで、共同管理をとおしたコミュニティ形成を意識的に行うことに決めた。「共同空間管理をとおした地域コミュニティの形成」という経験知を踏まえ、「地域コミュニティ形成を目的とした共同空間管理」を展開したのである。

　まず、これまで子ども会と老人クラブがそれぞれ担っていた生活道路と神社の管理を全員参加型に切り替えた。加えて、これらの作業を農地周縁部の共同作業と同日に開催し、同じ日に多世代が集会所に集合する機会をつくった。作業終了後には交流会が催され、顔を合わせながら互いを労う場面をつくることで、大震災前は当たり前だった「顔の見える関係」の再構築を目指している。この活動では、大震災後に休耕地となっていた農地を花壇に変えて住民による手入れを行うという、新しい共同空間も誕生している（図4）。大震災で失われた緑地を自らの手で取り戻したいという住民の意思が形となった成果でもある。

　実際に共同作業を拝見させてもらった際には、草刈り機を担げる体力のある男性陣は農道や用水路付近の草刈りを、子どもたちは道路のゴミ拾いを、高齢者や女性陣は花壇の手入れを行い、それぞれが「自分ができる管理活動」を共同空間で実践していた（図5）。

図4　休耕地を利用した花壇づくり

図5　共同作業日に集まった住民たち

このような多世代交流型の場づくりは、新しい地域活動の萌芽にも繋がった。それは、地区内の高齢者から「若い世代に三本塚の暮らしを伝えたい」というニーズが生まれたことである。大震災で様々な形のあるものが失われた一方で、共同作業の中で交わされる会話の中には、かつての思い出とともに失った地域資源が豊富に出てくる。それらを「形に残したい」という思いが芽生えてきたのだ。三本塚町内会と三本塚集落資源保全隊は、農地交付金を活用する形で外部団体と協働し、2023年度から「『三本塚の生活誌』制作プロジェクト」をスタートさせ、現在進行形で取り組んでいるところである。

3　みんなで集まるからこそ、「次」が描ける

「集まりながら地域を整えていく」という行為は、農村集落である三本塚地区にとっては当たり前のことであり、いわば「習性」である。そうした行為の積み重ねを地域コミュニティ形成の場として意識的に捉えて展開してきたことが、大震災後における三本塚地区の大きな特徴である。三本塚の住民たちは「集まれば、『次』を描くことができる」ことを、過去の経験から知っている。だからこそ、「集まること」を絶やさぬ工夫が、大震災後という地域コミュニティが脆弱なタイミングであっても内発したのである。

かつての「結」は、現代の農村では必ずしも必要なものではなくなった。しかし、その結の経験、つまり「手を貸し合うことで、みんなで乗り越える」という団結の力を三本塚の住民たちは知っている[2]。

この習性を継承することが、三本塚らしい地域コミュニティの形成・維持にも繋がる。様々な仕組み、そして状況をかみ砕きながら集落として主体的に対応する「しなやかさ」こそ、三本塚地区の強さであり、農村らしい地域づくりの展開であると考える。

参考文献
1) 田澤紘子・森永良丙「東日本大震災で被災した農村集落の共同空間管理の継続要因：仙台市沿岸地域に着目して」『日本建築学会計画系論文集』808巻、2023年、pp.1915-1925
2) 西大立目祥子・武田こうじ・田澤紘子『RE：プロジェクト通信記録集』公益財団法人仙台市市民文化事業団、2018年

07 住宅再建に向けて変わる住民意識
東日本大震災（2011年）／岩手県釜石市箱崎町箱崎地区　　　　　　　　佐藤栄治

80％の家屋が流出した箱崎地区（2011年5月6日撮影）

1　被災住民の意向を汲み取るために

　東日本大震災発災からすでに10年以上が経過した。津波被害にあった東北地方太平洋沿岸部では、住宅の再建は完了し、新たな地域づくりが展開している。今後の防災・減災の観点からは、新たな生活を始めるまでの被災住民の意向や状況の変化を汲み取ることが再建を加速化させると考えられている。

　本項では、岩手県釜石市箱崎町箱崎地区における住宅再建に関する4回の意向調査結果から、被災者の住宅再建までの意向の推移を振り返りつつ、今後の復興計画のあり方を考えたい。

2　箱崎地区の被害状況と生活

　釜石市箱崎町は箱崎半島のリアス式海岸に点在する4つの漁村集落で構成される（図1）、人口1274人、世帯数437世帯（2010年時点）の町であった。そのうち人口711人、世帯数248世帯と、箱崎町の過半数を占める町内最大漁村集落が箱崎地区であり、漁業や水産加工等の水産関連産業が盛んであった。地区内には周辺漁港を統括する釜石東部漁業協同組合があり、町内の拠点的地区でもあった。

箱崎地区の建物の被害状況は、全壊207棟・大規模半壊10棟・半壊8棟・一部損壊4棟の合計229棟。うち住家は207棟（地区内の住家の被災率は約80%）であった。震災以前の職業種別上位は、漁業就業者が48%、市内企業就業者が32%、自営業が14%で、おおよそ地区の半数が漁業関係者であった。震災直後には、内陸との道路が寸断し一時孤立状態になる等、過酷な避難生活を強いられたと聞いている。津波により、生活基盤がほとんど失われたことになる。

　釜石市の応急仮設住宅（以下、仮設住宅）は、震災後4月から8月にかけて市内50ヵ所に3033戸に建設された。箱崎地区の被災住民は、箱崎地区内に建設された3ヵ所（100戸）と、箱崎地区以外の市内の仮設住宅に108世帯が計20ヵ所（2012年9月時点）に分散して居住していた（図2）。初期の仮設住宅入居に際しては、抽選は用いず、優先世帯を優先し、建設住宅の種類（1DK、2DK、3K）や建設地における全体の世帯構成を考慮して居住仮設住宅が設定されていた。選考の際、申込者の従前居住地や従前コミュニティへの特段の配慮はされなかった。その後、通学・就労等の理由による市外への転居や市内仮設間での転居、市内の離れた仮設住宅か

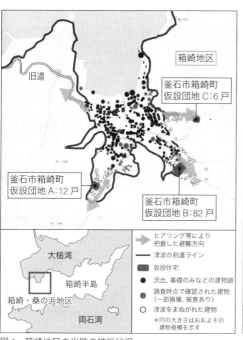

図1　箱崎地区の当時の被災状況

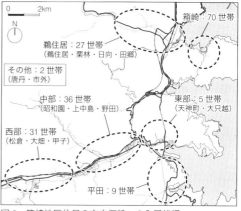

図2　箱崎地区住民の市内仮設への入居状況

ら箱崎地区へ通勤する漁業関係者も多く見られた。

3 被災後の地区の意思決定の困難さ

　2011 年 11 月頃から、住宅再建に関する国の補正予算案の動きに合わせて、住民、行政の動きが活発化した。住宅再建に向けた取り組みは、地区の自治会等を中心に協議会が組織され、地区の被災者の意見徴収を行うことから始まった。まずどの程度の地区住民が地区に戻り生活する意向があるのかが、整備方針の基盤になる。しかし、設置された協議会の委員数は地区の中から 5 名程度であったこと、また日中就業している委員が多かったこと、さらには委員自身も被災者であったこともあり、地区内にまとまって暮らす住民に話を聞けるとしても、市内に分散して居住している地区住民のもとへ赴くのは困難であった。

　また釜石市では、仮設入居の際には従前の居住地を考慮せず、優先世帯から順に建設した仮設に入居を促していた。過去の阪神・淡路大震災や新潟県中越地震での仮設入居に際しても、従前の居住地への配慮の重要性が指摘されていたが、その教訓を生かすことができなかった。行政資料等を追ってみると、本震災では被災の範囲が広かったこと、広範な仮設住宅敷地が確保できず仮設住宅供給が遅れたこと、入居の手続き等に対応する人的資源が不足していたこと、職員自身も被災者であったこと等の様々な理由から、従前居住地への配慮が困難であったと読み取れる。

4 人手が足りない、けれども自分たちが納得した町を再建したい

　地区の協議会から筆者らに、主に区の意見集約の支援の依頼があった。意見集約には、連絡手段のない市内仮設住宅に分散居住した地区住民を訪問する必要がある。2012 年 1 月 1 回目の意向調査から 2014 年 10 月 4 回目の意向調査まで、延べ 50 名の学生・教職員が支援を行った。調査の概略については表 1 に、計画の変更過程を図 3 に、調査結果と行政の動きを図 4 に示す。

●釜石市全体の復興に向けた動き

　釜石市では、2011 年 12 月に策定した「復興まちづくり基本計画」を復興に向けた指針とし、復旧・復興活動を進めていた。箱崎地区における復興計画は、2012 年 8 月に初期案が公開されて以降、三度の変更を経て整備計画（変更案ⅲ、図 3）に至る。当地区の進捗状況は、漁港等の海岸周辺の復興が早期より進められる一方で、

表 1　意向調査の概要

	第 1 回調査	第 2 回調査	第 3 回調査	第 4 回調査
調査期間	2012 年 1 月 28 ～ 30 日	2012 年 9 月 3 ～ 9 日	2013 年 12 月 12 ～ 17 日	2014 年 10 月 3 ～ 8 日
調査対象	震災以前、箱崎地区の住民（無被害世帯を含む）			うち仮設居住者
調査内容	震災以前の生活状況調査時の生活状況　住宅再建の意向	震災以前の生活状況調査時の生活状況　住宅再建の意向	調査時の生活状況　住宅再建の意向	調査時の生活状況　住宅再建の意向
	生活状況関連以外の設問 ⟶	周辺環境の希望・要望　震災前の記憶　箱崎地区の産業　漁業以外の可能性	職業・勤務地の推移　住環境の希望・要望　子どもの遊び場について	宅地の決定条件　具体的に希望する宅地　宅地の決定方法
住居タイプの分類	あ. 持ち家（戸建て）　い. 借家（戸建て）　う. 低層共同住宅（分譲）　え. 低層共同住宅（賃貸）　お. 中高層共同住宅（分譲）　か. 中高層共同住宅（賃貸）　き. その他	ア. 持ち家（戸建て）　イ. 公営住宅（戸建て）　ウ. 公営住宅（集合）　エ. 公営住宅（どちらでも）　オ. 集合住宅（民間）　カ. 集合住宅（分譲）　キ. 集合住宅（賃貸）　ク. その他	A. 自力再建（戸建て）　B. 集団移転（戸建て）　C. 集団移転（集合）　D. 公営住宅（戸建て）　E. 公営住宅（集合）　F. 既成の住宅（戸建て）　G. 既成の住宅（集合）	a. 自力再建（戸建て）　b. 集団移転（戸建て）　c. 公営住宅　d. その他　e. 未定
配布世帯数	233	192	177	108
回収世帯数（うち訪問）	160（120）	169（154）	112	67（58）
回収率	68.7%	88.0%	63.3%	62.0%
回答者平均年齢	—	65.8 歳	57.2 歳	66.6 歳

注：第 1 回から第 3 回調査時は調査対象に無被害世帯が含まれているが、当該世帯に対して住宅再建意識に関しては問うていない。本稿における住宅再建意識の結果は、すべて仮設居住者の回答に基づいている。

住宅再建に関わる防災集団移転や、災害公営住宅整備（以下、公営住宅）等は計画自体が遅延していった。2013 年に公営住宅の建設が本格化し、特に釜石市の中心市街地である中部エリアでは、同年 5 月に上中島（54 戸）、野田（32 戸）といった大規模団地が完成している。市内各地で入居が始まり、中心市街地の優先的な復興と、早期の住宅再建に対するニーズの高さがうかがえる。

●再建場所の意向

　全調査回を通して、箱崎地区での再建希望者（以下、箱崎希望者）が地区外での再建希望者（以下、地区外希望者）を上回っていたが、箱崎希望者は半数以上が次調査回も地区内での再建を希望していた。一方で、回によって意向が変わる住民もいた。要因のひとつとして、各調査時点で変更された箱崎地区の復興計画内の、土地利用や宅地買上区域の変更等が、意向に直結していると考えられる。また第 2 回の「率直な気持ち」と「状況を考慮した意向」を比べると、「未定」の回答者数が 3.5 倍に増え、うち 66.7% が箱崎希望者からの変動であった。箱崎地区で再建した

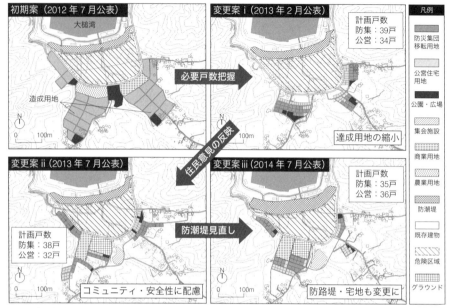

図3 復興整備計画の変化

いが、生活状況を踏まえると決めきれない住民が多かった。さらに第2回から第3回にかけて、転居希望者が顕著に増加し、第2回の地区外希望者が52.1%を占めた。復興推進が著しい中心市街地をはじめ箱崎地区外で再建を決定した住民が多くいたと考えられる。

● 住居タイプの意向

再建場所と同様に、全調査回を通して変動が多く見られた。第3回までは、持ち家（戸建て）を希望する住民が最も多かったが、第4回では公営住宅希望者が最も多く、うち62%が箱崎希望者となった。住宅再建に関わる補助金制度の仕組みが決定し、資金面等での再検討もあったと考えられる。また第1回及び第2回では、持ち家（戸建て）希望者から公営住宅への転居が顕著であった。地区内における震災以前の住宅用地の多くは防潮堤や道路等の復興計画用地と設定され、住民の大半は従前敷地での住宅再建が叶わなくなった。それに伴い地区内での住宅再建を諦め、早期に地区外での再建を決定したと考えられる。

住民の多くは、住宅再建の意向が二転三転している。復興計画の変更や進展、中心市街地での再建推進による復興の地域間格差が影響していると考えられる。

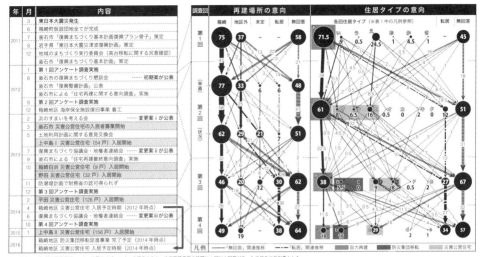

図4　行政の動きと住宅再建の意向の変化

5　最終的な住宅の再建と新たな課題

2018年9月時点では、公営住宅が31戸、防災集団移転用地が32戸整備された。住宅再建の状況としては、公営入居者が26世帯、防災集団移転後に住宅を建設した世帯が22世帯であった。自力再建した人が最も多いのが特徴となる。

「仮設住宅の取り壊し方針がやっと決まりました」と連絡を受けたのは、発災から8年6ヵ月、2019年9月である。仮設住宅入居者も転出し、箱崎地区の住宅再建は完了している。ただこの時点では、図3の変更案ⅲの防潮堤は完成していない。また防潮堤の南側に位置する危険区域は、防潮堤建設のための仮設小屋、機器、資材、仮設商店等が点在しているのみであった。さらにその危険区域は、誰が何に使うのかも決まっていない。

長い年月をかけて住宅再建まではたどり着いたものの、いまだに復旧・復興が継続している地域がある。復興後は、日本の中山間地域やへき地に見られる、地域の居住継続性や地域そのものの存続の課題も露呈していくと考えられる。即時対応が求められる災害の復旧・復興計画であるが、地域の将来のビジョンを組み込む事前復興等の備えが、早期の復興を実現する鍵となると考えられる。

08 集落の核としての公民館
東日本大震災（2011年）／岩手県大槌町吉里吉里地区　　田中暁子

公民館の落成祝賀会に集う人々　(提供：藤本俊明)

1 大槌町吉里吉里地区と津波

　岩手県大槌町吉里吉里地区は陸中海岸の中央より南に位置し、船越湾に面する人口2000人ほどの集落である。大槌町役場などがある町方地区からは山で隔たれており、1889年の市町村制施行に伴い大槌町になるまでは吉里吉里村という独立した村だった。吉里吉里は、幾度となく津波の被害を受けており、1896年明治三陸津波や1933年昭和三陸津波でも大きな被害を受けた。昭和三陸津波からの復興時には、高台に住宅地が造成され、『吉里々々部落新漁村建設計画』のもと、水道、浴場、診療所、助産所、消防屯所、託児所、集会所、防潮堤などの共同施設がつくられた（図1、2）。

　東日本大震災では、この高台移転住宅地にも津波が押し寄せ、大きな人的・物的被害が発生した。町方地区と繋がる国道45号線が瓦礫や土砂にふさがれ、吉里吉里は孤立したが、被災当日には吉里吉里小学校の避難所に「吉里吉里地区災害復旧対策本部」が自主的に立ち上がった。運よく流されずに残った小型ショベルカー数台を住民自身が操って、瓦礫をどけて車が通れるように道を啓開したり、広場の瓦礫を撤去してヘリポートをつくったりした。

2 大槌町吉里吉里地区と津波災害からの復興

　このように、大きな被害から立ち上がる際に、吉里吉里の人たちはたぐいまれなる共助の力を発揮した。その背景には、小学校、中学校、神社、お寺、公民館などがひとつずつ集落にあり、子どもから大人まで、多様な世代の人々が常に顔を突き合わせていたことがある。今回は、集落のこれらの施設の中でも、吉里吉里公民館（正式名称は大槌町中央公民館吉里吉里分館）について紹介したい。

●旧吉里吉里公民館

　旧公民館は、まちの中心部から離れた国道45号線の東側の低地部に、1966年に開館した。RC造一部鉄骨造の2階建て、延べ床面積約430m^{2}で、1階には約150m^{2}のホールと事務室、調理室、2階には和室2室、講座室があった[1]。

　かつては地区住民の結婚式に利用されることもあり、近年では、ボーイスカウト・ガールスカウトの集会、親子孫三世代がホールに集う三世代交流会、小中学校を転出する先生方への感謝の意を込めて保護者・地域住民が手づくりの料理をふるまう教職員送別会など、たくさんの地域活動が行われた。旧公民館はこのように地域住民の方々によって積極的に利用されていたのだが、津波で全壊の被害を受け、解体された。

●新吉里吉里公民館

　新公民館は、東日本大震災で再び津波の被害を受けてしまった昭和三陸津波後の高台移転住宅地の真ん中につくられた（図3）。

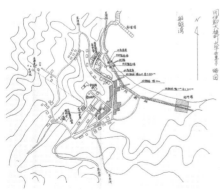

図1　新漁村建設計画の各種施設配置（出典：『大槌町吉里々々部落新漁村建設計画要項』）

図2　高台移転した住宅地（提供：藤本俊明）

図3　新吉里吉里公民館遠景 (提供：藤本俊明)

東日本大震災時の津波浸水区域内なので、新公民館に避難所の機能はない。避難ホールを併設する形で公民館を再建すると、被災前よりも延べ床面積を広い施設にできるが、津波の浸水リスクの低い場所に建設しなければならない。避難所としての機能を持たせて津波浸水地域外となる集落の端に建設するよりも、集落の真ん中にコミュニティの核を形成することを重視して、被災前の公民館と同じ面積という条件で「災害復旧」することを選んだのである。これには、吉里吉里地区では小学校、中学校、保育園が高台にあり、東日本大震災のときに避難所としての役割を十分に果たした、ということが背景にある。

● 新吉里吉里公民館の検討

新公民館の配置や機能の検討は、大槌デザイン会議の地区別 WG・WS や地域復興協議会において行われた。

2013 年度の大槌デザイン会議の地区別 WG・WS では「みんなが集まりやすいように、広場や公益施設はセットで配置するのが良い」「公民館は地域の中心（区画整理区域内）に配置される事が地域としての意見である」「公民館、広場を中心にまちづくりを行う」「歩いて行けるところが良い」「国道を渡らずに行けるように」などの意見が出た。そして、大槌デザイン会議の成果をまとめた「大槌デザインノート」では、公民館の配置について、「地区のコミュニティの核となる場所をつくるために、海の軸沿いの町の中心部に公民館とまちの広場をセットで設ける」という方針が示された（図4）。

公民館の機能については、2014 年度の地域復興協議会において議論された。その結果、①子どもが気軽に滞在できて多世代で交流できる場所、②震災について語り伝える場所、③多数の団体で柔軟に活用できる場所という考え方がまとまった。具体的な要望として、気軽に入れるフリースペースのような場所が欲しいという意見があった。何回もワークショップをして、お年寄りグループ、婦人会、20 代・30 代女性といった方々の意見も取り入れてつくられたため、集落の人々には「自分の

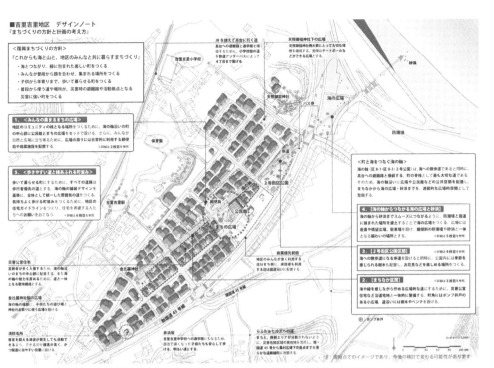

図4 みんなの集まるまちの広場（出典：大槌町『平成25年度大槌デザイン会議成果 大槌デザインノート』2014年）

公民館だ」という意識が芽生えている。

●新吉里吉里公民館の建物

　新公民館は2018年2月に竣工し、4月23日に落成祝賀会が行われた。

　玄関の横には事務室があるが、玄関を広々と使うために事務室は少し狭くなっている（図5）。中に入ると、長手方向にフリースペースとホールが広場に面して並んでいる。このフリースペースは予約をせず、使用料を払わずに使うことができる。フリースペースとホールは、芝生広場に向かって大きな開口部があり、日当たりの良い、気持ちの良い空間となっており、公民館と広場を一体的に利用することもできる。フリースペースとホールには移動間仕切りが2ヵ所設けられており、分割して利用することも、90畳の大きな部屋として利用することもできる。

　1階の廊下を挟んで調理室がある。調理スペースだけでなく、10人程度まで座れるテーブルがあり、のんびりと料理しながら飲んだり食べたりできる。料理教室や、3、4人でのちょっとした打ち合わせにも使える。旧公民館のトイレは男女共用で、

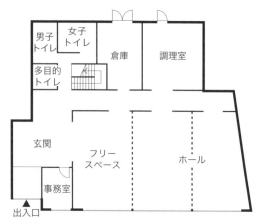
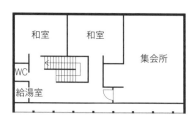

図5　新公民館の間取り図 (出典：喜多裕・木内俊克・二井昭佳・山田裕貴「大槌町中央公民館吉里吉里分館の設計：復興まちづくりにおける公共建築計画の考察」『景観・デザイン研究講演集』No.14、2018年、pp.282-289 をもとに筆者作成)

便所サンダルをガラガラ鳴らさないと入れなかったが、新公民館のトイレは男女別で、車いす利用やおむつ交換のできる多目的トイレも設けられた。2階には和室が2部屋と集会室があり、小学生・中学生の書道教室なども行われている。2階からは海ものぞめ、夏には花火大会も見られる。布団はないが泊まることも可能である。

新公民館は、公民館長の人柄の良さもあり、気軽に使いやすく、町内会、婦人会、長寿クラブ、子どもたち、小中学校PTA、郷土芸能3グループなど、様々な団体が使っている。お茶っこをしにぶらりと立ち寄る人以外に、多いときには月に1000人以上が利用している。

図6　新公民館での運動会準備の様子 (提供：藤本俊明)

● 吉里吉里公民館の事業

公民館の事業としては、新年交賀会、運動会、海岸清掃、お寺の清掃、廃品回収など、様々な取り組みが行われてきた。その中でも一番大きな事業は、10月初旬に開催される運動会である。運動会は町内会対抗で行われ、約1ヵ月前から、競技の道具をつくったり、応援の道具をつくったり、約10日前になると種目によっては秘密の練習をしてきた (図6)。

最近は当日だけ参加の人も多くなってし

まったが、運動会の後には、婦人会を中心にカレーライスや豚汁をつくって、校庭にシートを敷いて皆で食べている。震災の経験を活かして300人鍋を購入し、20分で完成できる。ベテランだけでなく、若手も協力しながら調理をして、一種の防災訓練のようになっている。

2021年夏からは公民館で「地域で育てる夏休み」が開催されている（表1）。地域の人々が先生になって、子どもたちが地域の歴史を学んだり、御神輿を担いだり、薪割りや木工、楽しい

表1 「地域で育てる夏休み」2022年夏・日程表

日程	主な活動内容
1日目	吉里吉里の歴史を学ぶ 史跡巡り
2日目	神社の参拝の仕方や礼儀作法を知ろう 鎮守の森を知ろう 奉仕活動　境内の清掃に参加する
3日目	手芸教室 本棚作成
4日目	森林教室　森林について知ろう 薪割りを体験してみよう 森と海のおくりもの（木工教室）
5日目	楽しいキャンプ テントの設営の仕方を学び雰囲気を楽しむ 夕食の準備 （於：フィッシャリーナ）
6日目	吉里吉里の防災について学ぼう 津浪、土砂災害について考えよう
7日目	われらも消防団予備団員 消防屯所でポンプ車を見学し規律訓練に参加する
8日目	寺子屋教室 座禅体験

キャンプ（海辺でテントの設営とカレーライスづくり）などを体験している。子どもたちにとっては夏の楽しみになると同時に、地域の歴史・風土を学び、さらには、「どういうところでも生活できる、生き抜ける」という防災訓練にもなっている。

●次世代への継承

このように、新吉里吉里公民館は、被災後に集落の真ん中に、住民の意見を取り入れてつくられ、多様な世代が利用している。また、子どもたちに、地域の歴史を教える活動や、楽しみながら防災訓練となるような活動も行われている。新公民館は日常的に立ち寄れる場所であるだけでなく、様々な特別な活動が行われる場所であり、子どもたちの地域への愛着を育むと同時に、震災の教訓を繋ぐ場にもなっているのである。

参考文献
1) 喜多裕・木内俊克・二井昭佳・山田裕貴「大槌町中央公民館吉里吉里分館の設計：復興まちづくりにおける公共建築計画の考察」『景観・デザイン研究講演集』No.14、2018年、pp.282-289

09 火災への備えで街の賑やかさを取り戻す
糸魚川大火（2016年）／新潟県糸魚川市　　　　　　　　　　鈴木孝男

強風にあおられた火災が旧街道一帯を覆う（出典：糸魚川市消防本部）

1　燃え広がる大火の脅威と過去の教訓

　2016年12月22日、147棟の建物が延焼する大火災が新潟県糸魚川市で発生した。糸魚川駅からほど近いラーメン屋から出火した火の手は、強い南風にあおられ次々に飛び火が発生し、海側の市街地へ燃え広がった（図1）。火柱が3階建ての建物を超えるまで巨大化したことに加え、道路幅が狭く建物が密集していたことが消火活動を困難なものにした。県内外の消防本部から、のべ300人に及ぶ消防隊が応援に駆けつけ消化活動にあたったが、消火用水が不足したため、地元業者と連携してコンクリートミキサー車が投入され水が運搬された。それでも延焼は、10時間以上も続き午後9時頃になってほぼ消し止められた。完全に鎮火したのは翌日の夕方（発生から約30時間後）のことで、消防隊員の話ではあちこちから「パチパチ」を木が燻る音が聞こえていたようだ。大火にもかかわらず、死者はなく、負傷者を17人に抑えることができたことは不幸中の幸いだった。市街地で発生した国内の大火としては、1976年9月の山形県酒田市に起きた大火以来で、40年ぶりのことだった。

●大火と地形・地質の深い関係

　糸魚川は、昔から「蓮華（れんげ）おろし」と呼ばれている強い風が吹くことで知られてい

る。フォッサマグナは地質的に日本列島を東西に分ける大断層のことだが、糸魚川市内には東日本と西日本の境界になっているフォッサマグナの西縁にあたる「糸魚川－静岡構造線」が走っており、この地形の特性と蓮華おろしが大きく関係している。断層の活動は地盤をもろく崩れやすくし、断層に沿って大きな谷地形ができ姫川が流れるようになった。大火が起こった日は、日本海側に発達した低気圧があり、温暖前線に向かって南風が吹いていた。この南風は、姫川沿いの谷地形を通り糸魚川に吹き下ろしてきた。消防本部の観測によると、最大瞬間風速27.2mもある南南東の強風であったことが記録されている。つまり、山から日本海に吹き下りる強風が発生しやすい地形になっているのである（図2）。

● 過去の教訓を活かした防災の知恵

日本海側の旧街道に栄えた宿場町には、大火と復興を繰り返してきた歴史が刻まれている。旧糸魚川町は、加賀街道と松本街道沿いに住宅が建ち並んだ。1912年には糸魚川駅が完成し、周辺にも住宅や店舗が増え市街地が形成されたが、前述のように風が強い地域であったため大火の常襲地域でもあった。過去に旧糸魚川町域で3桁に達する建物が被災した大火は13回を数える。

一方で、過去の大火での死者は少なかったと伝えられており、このことは火災の教訓がしっかり伝えられ日常の生活の中で備える意識が育まれてきたことを示している。例えば、秋葉神社（横町地区）と山乃井神社（新鉄地区）が、それぞれ街の西端、南端の風上に鎮座されており、過去の教訓を伝承するシンボルとなっている。またかつては、葉と幹の水分量が多いサンゴジュやイチョウを道路沿いに植え、防

図1　被災エリア（出典：「eまっぷいといがわ」に筆者加筆）　図2　強風を引き起こす特有の地形（出典：糸魚川市ウェブサイト「大火の記録展示」https://www.city.itoigawa.lg.jp/7373.htm（2024年8月8日最終閲覧））

2-2　復旧と復興に向けたビジョンをつくる　　107

火樹として配置していた。就寝中の災害に備えて、夜にご飯を炊いておく風習もあった。これは、非常時に食料を確保する知恵で、何事もなければ翌朝お粥にして食べていた。しかし今では、車社会への変化や生活の近代化により、防火樹は街から消え、夜にご飯を炊く風習もなくなってしまった。後世に教訓を伝えていくために、別の手段を考えていく必要がある。

2 復興、そして賑わいを回復するために

●大火を乗り越えるための復興計画

　大火の被害を乗り越え街を再生するために、「駅北復興まちづくり計画」が策定された。この計画では「カタイ絆でよみがえる 笑顔の街道 糸魚川」をスローガンに、歴史や文化等を生かして、大火を繰り返さないまちづくりを目指している。

　復興にはスピードが求められる。住宅の再建が長引くと、人口流出が懸念されるからである。糸魚川市では、がれきの撤去、宅地境界を確定する用地測量、建物基礎の撤去が素早く行われ、10ヵ月後には住宅や店舗を再建できるようにした。そして1年半という短期間で、希望者の住宅と店舗の再建がほぼ完了した。復興の加速化には、被災者の合意形成が欠かせない。復興を急ごうとして抜本的な基盤整備に踏み切ってしまうことがあるが、糸魚川市では早期再建を希望する事業者らを阻害しないように、街の面影を残した修復型まちづくりを目指すこととした。区長らの功績もあり、素早く住民から合意が得られたことは、修復型まちづくりでも復興を加速できることを証明してくれた。

　本町通りでは、建物の準耐火建築物と無電柱化の推進により防災力を高めつつ、

図3　雁木のある街並み

図4　中庭を設けた復興市営住宅

古くから受け継がれてきた雁木のある街並みづくりを進めている。雁木とは、店舗の庇を道路側にせり出して、冬の雪から分離した歩行空間を確保する雪国特有の工夫である。この風情ある街並みが、糸魚川らしさや市民の誇りであると評価され、再生されることになったのだろう（図3）。

被災者の中には、高齢者をはじめ戸建て住宅の再建を断念される方がいる。そういう方にも街なかに住み続けてもらうように、復興市営住宅が建設された。地域に開かれた「見守り見守られる住宅」をコンセプトとして、開放的で木造の街並みに調和したデザインになっている（図4）。

● 賑わいを取り戻す防災広場の整備

被災エリアには、火災の燃え広がりを防ぐために8ヵ所の防災広場が整備された（図5）。この広場は、一次避難の場所になるだけでなく、美装化した遊歩道で繋いで回遊性を持たせている。広場の整備にあたっては、「欲しい暮らしは自分でつくる」の考えのもと、ベンチづくりのワークショップが行われた。地域に対する愛着心を育むためには、復興プロセスの中に市民参加の機会を組み込んでいくことが大事である。こうした発想は、「駅北復興まちづくり計画」を策定する際に、市民参加を積極的に行ったことから生まれている。まちが賑わい、日常の交流を介して絆が深まれば、自主防災力を高めることに繋がるのである。2020年4月にオープンした駅北広場と拠点施設（愛称：キターレ）は、災害が発生した際に緊急車両の乗り入れができ、一時的な避難場所として利用される（図6）。地下には市街地に設置する標準的な容量の5倍に相当する200tの防火水槽が埋設されている。施設内にはホール、シェアキッチン・ダイニングスペース、屋外広場が設置され、市民や地域住民

図5　人の輪が広がる防災広場

図6　賑わいの拠点施設キターレ

図7 交流の場となるシェアキッチン

が利用できる。しかし、スペースを用意しただけでは、なかなか利用率は上がらない。そこでキターレでは、企業や団体等を対象として、日常使いのアイデアを出してもらうワークショップを開催した。その結果、屋外広場では、地元の金融機関等が中心となって「復興マルシェ」が開催され、みんなの笑顔を取り戻すことができた。施設内のホールは、多目的な利用ができるようになっていて、講演会、ヨガ教室など幅広いニーズに応えることができる。糸魚川市が独自に開発した介護予防モデル体操も実施されており、幅広い用途に活用されている。つまりキターレは、地域課題を解決する拠点にもなっているのである。シェアキッチンには厨房が3つもあり、低価格で利用できる。お店をはじめたい人のスタートアップ（起業チャレンジ支援）のための場所としても利用できるし、1日だけ料理教室やシェフをすることもできる(図7)。「食」は人々を引きつけ、特に女性や若者から好評のようである。高齢化率の高い被災地に新しい人の流れができ始めている。

しかしながら、中心商店街は衰退しており、空き店舗や空き家が目立っている。糸魚川市では、被災エリアだけでなく、市街地全体の価値を高めていくために、遊休不動産を魅力的な用途に置き換え再生していく「リノベーションまちづくり」にも力を入れている。

3　大火の記憶と教訓を広く伝え活かしていく

被災地では、子どもらで編成した「駅北火の用心夜回り隊」が発足した。大火のあった日に、赤い法被を身にまとい、拍子木を打ち鳴らしながら町内を巡回している。こうした活動は市全域にも広がっている。大火の翌年には、小学校の中高学年から構成される「こども消防隊」を2017年に結成し、定期的に消火、救護、規律行動を訓練している。隊員39名からスタートし毎年メンバーが変わるが、2023年には36名の子どもが参加している。次世代の地域防災リーダーの育成に寄与している活動である。

図8　大和川・竹ヶ花地区の防災プラン（出典：糸魚川市消防本部）

　糸魚川市内の漁村は、生活道が狭く、古い木造建物が密集している地域が多い。どこにでも強い風が吹き下ろす地形になっており、常に火災の危険と隣り合わせの中で生活を送っている。建物を不燃化すれば、火災の危険性を格段に低くすることができるが、その実現には長い時間がかかる。そこで各地の漁村では、住民らが現地ウォッチング（まち歩き）とワークショップに参加して防災対策を検討し、パンフレットにまとめる取り組みを行っている（図8）。併せて、高齢者や女性でも扱える40mm口径の消防用ホースを配備し、初期消火の迅速化を進めている。

　多くの知恵を結集し、住民の自主防災組織と行政が一丸となって、火災に負けない地域づくりを進めている。

10 津波の記憶を継承する
東日本大震災（2011年）／岩手県宮古市田老町

田中曉子

防浪堤を案内する学ぶ防災ガイド

1　幾多の津波と田老の防浪堤

●昭和三陸津波からの復興における避難道路の重視

　宮古市田老地区は津波常習地であり、貞観・慶応・明治・昭和の大津波をはじめ、幾度となく津波被害を受けてきた。東日本大震災の約78年前の1933年に発生した昭和三陸津波では、当時の人口4983人の半数以上にあたる2739人が罹災し、死者548人、行方不明者363人、罹災戸数505戸、漁船流失990隻という大きな人的・物的被害を受けた。このときの罹災戸数の約7割は漁業に従事しており、他の職業に従事していても漁業と関わりを持ちながら生活していた。こうした漁業集落であったので、当時の田老村長・関口松太郎氏は「漁師が山にあがって漁ができるものか。だいいち500戸が移転できるような場所などない」と考え、高台に集落を移転するのではなく、現地復興することを決めた。

　すなわち、低地部の中でも山際に近い場所を盛り土した上に、耕地整理法の適用によって、直線道路からなる整然とした新市街地をつくる。その海側には高さ10mの防浪堤を建設して、新市街地を守ることが考えられた。昭和三陸津波前は、山に並行する幹線道路しかなく、津波の際に、道なきところや、入り組んだ路地を通る

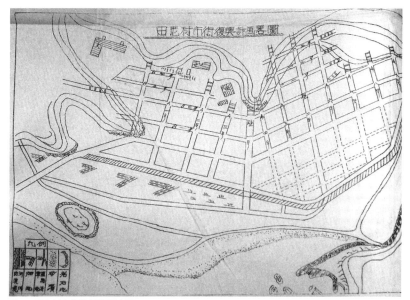

図1　田老村市街復興計画略図（出典：宮古市所蔵簿冊『昭和八年 起債関係書類綴 田老村役場』）

しか山に逃げる経路がなかったため、被害が大きくなってしまった。これを教訓として、県道に並行する数本の幹線道路と、山に向かう多数の避難道路により、一目散に山に逃げられるようにしたのである。当時の計画図を見ると、防浪堤を通り抜けて海側から山側へとまっすぐ向かう道路である「避難一号線」「避難二号線」は幅員が8m、そして、それ以外の街路は山に一直線に向かうものと、市街地を貫く県道に並行するものがあり、いずれも幅員が4mとられている（図1）。避難道路の山際には階段も書き込まれており、学校、常運寺、役場等の公共施設は山裾の高台に計画された。防浪堤は1934年3月に工事着工し、戦争による中断を経て、1958年に完成した。延長1350m、海面からの高さは10.65mだった。

● 住民が心に刻み続けてきた避難の精神

　高度経済成長期を経て、田老では防浪堤よりも海側に防潮堤が建設され、市街地が海の方へと拡大してしまった（図2）。

　その一方で、人々の防災意識は高く、「ソフト」による津波防災が、国内でも有数のレベルで推進された。真っ直ぐに高台に向かう避難道路の先には、避難所が整備され、そこには、停電に備えて太陽光発電による電灯も整備された。町のあちらこちらに、避難方向を示す標識が設置された。1981年3月には田老町内全域カバーす

図2 田老の防浪堤・防潮堤と拡大した市街地（出典：国土地理院空中写真（2000年）に筆者加筆）

図3 防浪堤から田老総合支所方面を見る（2011年5月）

る防災行政無線が完成した。2003年3月には、「私たちは、津波災害で得た多くの教訓を常に心に持ち続け、津波災害の歴史を忘れず、近代的な設備におごることなく、文明と共に移り変わる災害への対処と地域防災力の向上に努め、積み重ねた英知を次の世代へと手渡していきます」と「津波防災の町宣言」をしている[1]。

こうした行政主導の活動だけでなく、住民による活動も多くあった。毎年、津波避難訓練が行われ、様々な年代の住民が参加していた。昭和三陸津波を8歳のときに経験した田畑ヨシさんは、紙しばい「つなみ」を制作し、1979年以来、30年以上にわたり、津波の怖さを若い世代に語り聞かせてきた。

● 防浪堤を超える波が押し寄せた東日本大震災

東日本大震災の際には、昭和三陸津波後に建設された防浪堤の内側にも津波が押し寄せ、田老地区は大きな物的・人的被害を受けてしまった（図3）。津波は浸水高16.6m、遡上高20.72mにも及び、市街地を破壊しながら押し流し、平坦部はすべて浸水し、大平から長内川までの住宅が流失した。東日本大震災直前、2011年3月1日時点における田老地区の人口は1593世帯・4434人だったが、東日本大震災による死者・行方不明者は222名を数えた。

昭和三陸津波以来、田老で脈々と受け継がれてきたハードとソフトを組み合わせた津波防災対策の原点に立ち返ると、防浪堤を超える津波が押し寄せた、ということだけでなく、ソフト対策が機能したか……すなわち、その津波から住民が避難できたのか、ということが重要であろう。この点を田老の住民の方々の体験記から確認したい。

田老町漁協に勤めていたAさんは、「我々田老の人間はものごころついた頃から「地震があったら山へ走れ」と呪文のように聞かされる。それはもうDNAに刻み込まれるぐらい。田老港の一番沖にある防波堤の遥か上空に白い波しぶきが見えたとき、反射的に防潮堤を駆け下り、高台の方に走った」と書き記している[2]。

　宮古市職員だったBさんは「防潮堤が全く役に立たなかったとは思っていません。防潮堤のおかげで、住民の避難時間が稼げた上、津波の威力を弱めることもできました」と書き記している[3]。残念ながら、様々な事情で高台に逃げられなかった方がいた一方で、防浪堤と避難を組み合わせた津波防災はある程度機能したと言ってよいのではないだろうか。

2　東日本大震災からの復興―三王団地と田老市街地

　東日本大震災からの復興では、浸水被害を受けた市街地の北東に隣接する高台で防災集団移転促進事業（三王団地：161区画、災害公営住宅71戸）が、防浪堤（二線堤）の内側で土地区画整理事業（田老市街地：180区画、災害公営住宅40戸）が

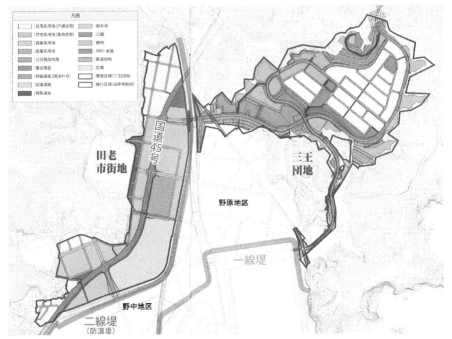

図4　田老市街地と三王団地の土地利用計画（出典：宮古市・UR都市機構・たろうまちづくりJV『田老物語 事業編』2015年に筆者加筆）

行われた（図4）。田老市街地は、海に近い一線堤（14.7m）と、地盤沈下分の約50cmを嵩上げした防潮堤（二線堤：10m）、2つの防潮堤によって守られている。防浪堤の内側の国道45号線より山側（北側）は嵩上げされ、住宅も建築できるが、国道45号線より海側（南側）は災害危険区域に指定され住宅の建築が制限されている。防浪堤の外側の野中地区・野原地区も災害危険区域に指定されている。

　野中地区には、4階まで津波が到達し、2階まで鉄骨がむき出しとなった「たろう観光ホテル」が震災遺構として保存されている（図5）。宮古市は、このホテルの保存に積極的に取り組んでおり、保存工事や外構工事の費用が国の復興交付金でまかなわれた。維持管理費（鉄骨防錆塗装、コンクリート補修、ALC補修、石材・タイル補修、内装材補修等を行うための費用）については、国からの援助がないため、宮古市津波遺構保存基金条例によって津波遺構保存基金を創設し、全国から寄付金をつのっている。

3　津波の記憶を継承する

　このように田老では防潮堤整備や高台移転、住宅地の嵩上げなどのハード整備が行われたのだが、それに加えて、ソフトによる津波防災も進められており、津波被害の記憶や、避難の重要性を語り継いでいくことが重視されている。

●学ぶ防災

　防浪堤や「たろう観光ホテル」などをめぐる震災学習ツアー「学ぶ防災」は、震災の爪痕が色濃く残る2012年4月から始まった（図6）。このツアーでは、防浪堤や、倒れてしまった第二防潮堤の遺構、田老港にある漁協施設に掲げられた平成・明治・昭和の津波到達高の表示などを見た後に、「たろう観光ホテル」の6階の一室で一本のビデオを見る。これは、震災時、ホテルの社長がその部屋の窓から撮影した映像であり、そこでしか公開されていない。津波による市街地の被害や、4階まで到達したという津波の高さを確かめた上で、実際に撮影された場所で観る津波映像には、とてつもない説得力がある。

●小学校・中学校での防災教育

　田老第一中学校では、被災から2年後の2013年3月11日、津波体験作文集「いのち」が作成され、空き教室に震災資料室「ボイジャー」が開設された。1896年の明治三陸津波から東日本大震災までの文献や写真、震災を体験した卒業生の作文、

図5　たろう観光ホテル（2013年1月）　　図6　学ぶ防災ツアー（2019年5月）

　記憶をたどって描かれた震災前の街の地図、田老の未来予想図など千点以上が展示されている。生徒たちは、地域の方々の語りや「ボイジャー」の資料から、田老の歴史を学んで脚本を書き、昭和三陸津波からの復興を描いた「関口松太郎物語」や東日本大震災で壊滅的な被害を受けた養殖わかめの復活を描いた「真崎わかめ復活物語」などの劇を文化祭で披露してきた。

　復興事業に伴って中学校近くに新たにできた橋と公園は、田老一中の生徒たちが命名した。三王団地と田老市街地を結ぶ場所にあることから「結橋」、かつて土手に桜が咲いていたことから「桜のみち公園」と名づけた。田老第一小学校の児童たちは、土地区画整理事業の2ヵ所と、集団移転促進事業の4ヵ所、合計6ヵ所の公園に、各学年が1ヵ所ずつ名前をつけた。

　このように田老では津波の記憶を継承していくために、様々な取り組みが行われている。しかしながら、小中学校の児童・生徒は被災を実体験していない世代となり、これからはますます、次世代に被災の記憶を継承していく取り組みが重要になると考えられる。

参考文献
1) 田老町教育委員会編『田老町史 津波編』2005年
2) 畠山昌彦「なぜ漁業をやめないか―津波のあとで」『世界』No.826、2012年
3) 山崎正幸「3・11 津浪が田老の町を襲った―市職員がみた"あの日"」田畑ヨシ『おばあちゃんの紙しばいつなみ』産経新聞出版、2011年、pp.28-29

11 楽しみながら山と付き合い集落を守る

丹波豪雨被害（2014年）／兵庫県丹波市　　　　　　　　　　　　澤田雅浩

地域住民が主体となって山の管理を進める

1　平成 26 年丹波市豪雨災害による被害

　2014 年 8 月 16 日から 17 日にかけて発生した豪雨災害は、市全体で死傷者 5 名、住家被害が 1000 棟を超える被害をもたらした。特に市島地域では山林で発生した地すべりの影響で多くの家屋に土砂が流入するなど、特に大きな被害を受けている。丹波市の推計によるとその土砂量は約 50 万 m^2 とされ、同時期に広島で発生した土砂災害における流出土砂量に匹敵するものであった。ただし、広島では 77 名の犠牲者が出たのに比べると犠牲者は 1 名にとどまっている。市島地区の竹田、前山、吉見地区に避難勧告が発令されたのが 8 月 17 日午前 2 時であることをみてもわかるとおり、災害の発生時間が深夜にもかかわらず、住民への安全確保のための適切な情報発信がなされ、その対応もまた適切に行われた結果であると言える。なお、林地崩壊箇所は 256 ヵ所におよび、そのうち人家の裏側が崩壊したものが 104 ヵ所にのぼっている。住宅の被害の多くが林地崩壊によって引き起こされた、というのがひとつの特徴であると言える。また、農地被害は 1610 ヵ所、被害額は 7.5 億円に及ぶなど、農林施設全体では 20 億円の被害が出た他、農作物被害面積は 252ha、被害額は 2 億 7429 万円となった[1]。

2　豪雨災害からの復興

　丹波市役所本庁内に設置された災害対策本部とは別に市島支所内に設置された復興推進室が中心となって、災害復旧の迅速な推進にとどまらず、地域課題の解決も視野に入れた復興に向けた取り組みが進められた。災害から1ヵ月後には復興ビジョン検討会を設置し、2014年11月には「山の記憶　土の芽覚め　種をつなぐ」を基本理念とした復興ビジョン（プラン骨子）を策定している。その後設置された復興プラン策定委員会専門部会では、ビジョンで示された方針の実現化方策が5つの重点分野（安全・安心町づくり／人口・コミュニティ／森林／農業／住まい）毎の事業として整理された（表1）。ちなみに、これらビジョン・プランの構成の参考のひとつとされたのは2004年の新潟県中越地震からの復興プロセスである。中山間地域に甚大な被害をもたらした災害状況が今回の状況に似ていたことがその理由のひとつである。特に震災後に全村避難を余儀なくされ、過疎化の進展が止められなかったにもかかわらず、外部人材との関係性獲得によって地域の魅力、活力が向上したとされる旧山古志村の復興過程への関心は高く、復興推進室職員が災害発生から半年後には現地視察とヒアリングを実施している他、継続的な被災者同士の交流も行われている。

表1　復興プランの施策体系（抜粋）

分野	課題		方向軸
	災害前からのもの	災害後の新たなもの	
安全・安心まちづくり	以前より問題視されていた土地利用	住宅全壊　山腹崩壊	余裕域による建築誘導 間伐材の有効活用等
人口	過疎化による減少	さらに流出の恐れ	持続人口＝定住人口＋パートナー（なじみ）人口
コミュニティ	衰退傾向	衰退・消滅の危機	総合性と二面性（自治組織兼経済組織）
森林	建材生産を担えない山 人々の目が向けられない山	恐怖心 子孫に引き継ぐ価値のない山	活用と保全 多面的機能 公共建築の木造化と地元材の率先利用
農業	耕作放棄田 担い手不足	耕作意欲の減退	生きがい系と生業系 中核的担い手 高付加価値収益性 土地利用の見直し
住まい	裏山に隣接した建築	全壊・大規模半壊	住まいの確保 地元材の積極利用 コミュニティの維持

（出典：兵庫県丹波市「丹波市復興プラン」2015年）

3　復興まちづくり事業として本格化させた住民による山林管理

　復興まちづくり事業のうち、地域活動団体に活動資金を提供する「助成型」によって住民主体での山林管理へと繋げた地域の取り組みを紹介する。

　市島町北岡本自治会は、1975年に北岡本1区2区の対等合併によって設立された自治会である。40世帯、120人（2021年時点）によって構成されており、自治会長1名、副自治会長2名が主となって運営を続けてきた。副自治会長のうち1名は必ず女性が就任するなど、男女共同参画の歴史もある。この自治会の特徴として、災害や突発事象、そして設備更新等で多額の資金が必要となる事態に備えて、年間2万円の自治会費に加え、月3000円の積立金を徴収している点がある。この資金が復興の取り組みにおいても有効活用されることになった。

　北岡本地区は、2014年8月豪雨により、床上浸水の被害を受けた住家が30戸に上った。さらに、70haの山林が土砂と流木で埋まるという被害を受けている（図1）。このような被害が生じた要因のひとつに、近年の山林管理が十分に行き届いていなかったことがあげられる。集落の後背地に当たる山林は、地域の共有財産（入会地）

図1　豪雨災害時の地域での被害

と個人所有の土地が混在している。そのどちらもスギ・ヒノキの植林を進めていたものの、木材として出荷する前に需要がなくなり、結果としてほぼ管理放棄に近い形の状況であった。豪雨災害の前からその課題を認識していた自治会では、災害の発生する1年前、国道改修に伴う治山ダムの建設工事が始まる際、間伐を怠ると災害に繋がるとして、自治会所有の20haに加えて、個人所有の山林50haに関して、不在地主を含めたすべての地主の同意を得て、所有と利用・管理を切り分けた上で、山林は自治会が管理すること、そしてそのために管理用の道路を通すことを計画していた。しかしその作業が進められる前に豪雨による被害を受けてしまった。被害は家屋だけでなく、農地や道路にも及んだこともあり、災害復旧・復興に向けた取り組みの一環として改めて山林の管理に乗り出すことになった。その際、自治会で積み立ててきた資金も活用することになったが、多額の費用の確保は市が用意した復興まちづくり事業に手を上げ、助成型で採択されることことで実現している。なお、受け皿の団体として、自治会を中心として「30年の森づくり委員会」が立ち上げられ、自治会の活動とは一応別立ての事業として実施されている。

4　山であそび、楽しみをつくり出す

　手始めに、災害前に計画していた作業道の整備について、自治会の若手メンバーが重機を用いて実施している。加えて整備した作業道の表土流出防止のための播種を進めている。活動の基盤が整備された後は、専用の機材も手に入れ、実際に間伐を始めている。作業に従事するメンバーは委員会のメンバーであるが、参加は任意である。林業に従事していた経験のあるメンバーは少ないため、安全管理のための講習（チェーンソー講習）はもちろん、植生や樹木の専門家を招いてのアウトドア講習会も開催し、山への理解を深めつつ、安全な作業環境を整えている。活動は主に週末にかけて行われ、作業が終わればちょっとした打ち上げが実施されている。この活動を主導した当時の自治会長は、「これが楽しみで山に入っとるんや」と言う。間伐が進んだ場所では、ちょっとした広場もでき、バーベキューなどをしながら懇親を深めることで、地域の共同作業としてどうしても負担感が大きくなりがちなところを、むしろ楽しんで活動が進められている。高頻度で後背地としての山に入ることで、実情の把握も適切に行われ、間伐を進め、林床に日光が届くようになることで、豪雨災害の誘因のひとつとなった地すべりを防ぐための環境の再整備が進め

られている。同じ豪雨災害でより大きな被害を受けた市島町下鴨阪地区などでは、大規模な砂防堰堤が建設されることで、住民の安全を守る対策としているが、この地区では、間伐材を活用した土留工などはつくられているが、大きな砂防堰堤は災害復旧過程では整備されていない。なお、維持管理を一任された約70haのうち、災害から約1年半後に開始されたこの取り組みによって2年間で20ha、約400本の間伐が進められている。なお、そこには述べ200名が関わっている。

　ただし、間伐が進むと伐採した木材の処分が問題となる。手入れを十分にしていなかった山林からでる木材は、建築材料などには活用ができない。加工品の材料とすることはできるが、そのための設備投資や人員配置は自治会単位では合意形成も含めて困難が大きい。そこで、市の復興プランの事業として、平成28年度からは「木の駅プロジェクト」を並行して準備している。間伐で出た材料を市場価格より少し高く買い取り、それを薪へと加工し、販売する。その薪は主に薪ストーブに利用を想定しているが、近隣に薪ストーブを導入している世帯の存在が必要となる。そのため、薪の需要を開拓するという目的のもと、同様に復興まちづくり事業の一環

図2　間伐を進めた里山では果樹などの植樹も進められている

として、丹波市内で薪ストーブを導入する世帯に補助を行う事業も立ち上げて、薪の需要の掘り起こしも並行して取り組んでいる。平時の事業としてこのようにいくつかの事業を有機的に結びつけて運用するためには、関係部署の調整等、いくつかの困難が考えられるが、この取り組みに関しては、災害を契機とした地域課題の解決も主要な目的のひとつとして位置づけた復興プランが存在することで実現している。災害を契機として、様々な事業が展開されることによって、災害からの復興のみならず、地域のより良い環境づくりのために寄与することができる、ということを示している。

　間伐が行われた箇所では、植樹も行われている（図2）。実のなる樹種を選び、その植樹作業はイベントとして地域内外の人々を招いて実施している。活動開始から約3年間で植樹作業への参加者は延べ300人、植樹された樹木は970本にとなっている。一般の参加者はもちろん、災害後、支援活動を継続している大学等とも連携したり、マスコミとの連携でイベント化も図られ、結果として北岡本のことを知る人はもちろん、度々訪問し地域住民とコミュニケーションを積み重ねる中で愛着を感じるようになる外部の人が着実に増えている状況が生まれていた。さらには、移住定住促進策を講じている丹波市において、移住希望者がこの地区を希望し、実際に移住を行うといった状況も生み出している。

　一方で、現在ではいくつかの課題も生じている。一連の取り組みを主導していた自治会長が退任し、新たな自治会長が就任して以降、自治会としての活動への参画、予算的な配慮は低調となった。別立ての委員会を構成して活動を進めていたため、白紙に戻るということはないものの、行政との接点として重要な自治会が若干消極的な体制へと移行したことで、行政や外部支援者との円滑な情報共有や連携が進めにくくなっているのが現状であり、その巻き返しもまた必要な状況ではある。

参考文献
1)　兵庫県丹波市「平成26年8月 丹波市豪雨災害 復興記録誌」2020年

12 まちづくり活動を創出する復興建築群

北但馬地震（1925年）／兵庫県豊岡市　　　　　　　　　　　　菊池義浩

震災復興で建築された三戸一の建物

1　豊岡市街地の成り立ち

　豊岡市街地がどのように形成されてきたか、『豊岡市史 上巻・下巻』[1)2)]や『目で見る豊岡の明治100年史』[3)]を参照しながら紐解いてみる。現在の豊岡市の中心部は、織豊政権時代に神武山に番城が築かれ、その北麓と付近を南北に流れる円山川沿いに城下町が形成されたことに始まる。1580年の但馬征伐後に宮部善祥房継潤が入封し、重要な軍事拠点として兵糧の集積地となり、その後も商業の中心地として発達していった。

　近代になると、第一次世界大戦による好景気を受けて、当時の第6代豊岡町長である由利三左衛門と助役の伊地智三郎右衛門は「大豊岡ノ建設」を標榜し、「大豊岡構想」と呼ばれる近代都市計画が進められることになる。この構想は、度重なる洪水をもたらしてきた円山川の治水整備と、丹後鉄道を豊岡駅まで延長する丹但鉄道（宮津線）を敷設すること、また、耕地を対象とした区画整理と言える耕地整理法（1899年制定、1949年廃止）を活用し、耕地整理組合を組織して市街地と道路を整備することを目的に行われた。他にも、上水道の設置や公共建築物の改築・修繕などが図られている。

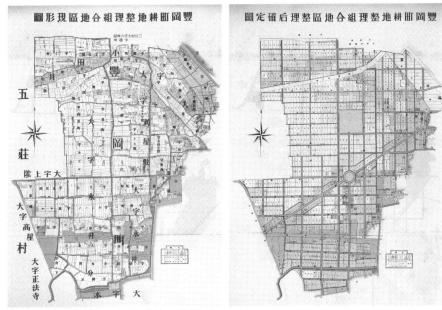

図1　耕地整理前（左）と整理後（右）の整理地区（提供：豊岡市教育委員会文化財室）

　図1は耕地整理前後の整理区画が示されたもので、整然と引かれた道路で仕切られている区画や特徴的なロータリー（寿公園）を通る斜線路など、明らかに都市計画を意図していたことが見て取れる。この頃に形成された都市基盤を骨格として、第二次世界大戦後の高度経済成長期における市街地の拡大を経て、現在の姿に至っている。

2　豊岡町の被害と復興計画

　北但大震災を引き起こした北但馬地震は、1925年の5月23日11時10分頃に発生したM6.8の地震で、震度は当時の最大階級である震度6とされている。震災による被害状況や復興過程については、『北但震災誌』[4]、『豊岡復興誌』[5]、『乙丑震災誌』[6][7][8]などの資料から当時の様子をうかがうことができる。

　豊岡町では総戸数2178戸のうち、85%を超える1887戸が被害を受けた。被害の内訳を見ると、全焼993戸、全壊234戸、半壊・破損660戸となっている。地震で倒壊した建物に、ちょうど昼食の用意で使っていた火が引火し、各所で発生した火災により被害が拡大した。鎮火したのは翌24日午前になってからで、総人口1万1097

図2 焼け残った貨幣・懐中時計など

人のうち、380人(死者87人、傷者293人)が被災している(図2)。

　大きなダメージを被った震災からの復興に向け、豊岡町では政府からの借入金や義援金などを財源として復興事業が進められた。その方針として、①「挙町一致」を説いて町民の協力を求め「罹災民会の活動を強くはねつける姿勢を示したこと」、②経済を立て直すため「道路整備などの大規模な公共事業を重視していたこと」、が特徴として挙げられる。道路や公営住宅の建設に加えて、駅前通り(大開通り)の中心部に役場庁舎や公的施設を集中させた「シビックセンター」を設置するなどの事業が実施された。この復興計画は大豊岡構想の路線を受け継ぎ、兵庫県の支持を得つつ積極的に展開されたもので[2]、震災が整理事業を後押しする要因になったとも捉えることができる。

　また、豊岡町では住宅の再建にあたり、1923年に発生した関東大震災においても犠牲者の9割近くが焼死者であったことを踏まえ、防火建築物として鉄筋コンクリート造(以下、RC造)で建設することを推奨した。「防火家屋を建設するもの四十八名、建坪總敷一千六百九十四坪餘、補助金總額八萬参千九百参拾参圓」との記録が残されており、「建築延面積一坪ニ付五十圓」の補助金が交付されている[8]。地震後の火災によって被害が拡大することを防ぐための措置で、道路整備と併せて防火帯としての機能を大豊岡構想の中に付加しようとしたことがうかがえる[9]。

3　復興建築の現状

　復興建築群の実態を把握するため、豊岡市教育委員会文化財室では大学・高専や兵庫ヘリテージ機構(H^2O)但馬に依頼・協力して、2014年8月に「豊岡復興建築群調査」を行っている。兵庫ヘリテージ機構とは、地域の歴史的文化遺産をまちづくりに活かす能力を有する人材(ヘリテージマネージャー)を中心に構成されているネットワークである。我々はその成果を踏襲させていただきながら、北但大震災の復興において建設されたRC造の建築を対象とした現況調査を、2018年11月〜

2019年3月にかけて実施した。

　豊岡市の調査では、39棟の建物を復興建築として抽出しているが、それらの中には木造の建物も含まれている。そこで、RC造の建物に対象を絞って目視確認や所有者・管理者へのインタビュー調査を行い、すでに取り壊された建物を含めて25棟の存在を確認することができた。今回の調査で新たに把握された復興建築も存在する。これらの建物は大豊岡構想で整備された市街地を東西に繋ぐ駅前通りと、円山川沿いに南北に延びている旧来の目抜き通り（宵田通りや元町通り）に集中して建設されていることがわかる。

　復興建築の例として、図3は豊岡町庁舎として1927年に建設されたものである。当時は2階建だったが1952年に3階部分が増築され、現在は市民の交流センターおよび市議会議場として利用されている。図4は関西を中心に活躍した建築家である渡辺節が設計した建物で、1934年に兵庫縣農工銀行豊岡支店として建てられた。その後、山陰合同銀行や豊岡市役所南庁舎別館として利用され、今は宿泊施設・レストランとして運営されている。また、冒頭の写真は三戸が一体となっている3階建ての建物で、店舗兼住宅として利用されてきたものである。2016年に「佐藤家及び西村家住宅」として国登録有形文化財に登録されており、「三戸それぞれに異なる立面デザインとし、各所にアーチやロンバルディア帯、メダイオンといった洋風意匠をちりばめ特徴ある外観」（文化庁：文化遺産オンラインより）をみせている。しかしながら、現在営業しているのは1軒だけで他は空き店舗となっており、借り手がいないので倉庫として使っていたり、活用したいけれどもどうすればよいか苦慮していたりする実情がうかがえた。

図3　豊岡市立交流センター豊岡稽古堂

図4　オーベルジュ豊岡1925

4　復興建築を活かしたまちづくり

　現在では、このような近代都市計画でかたちづくられた都市基盤のフレームと、復興建築群を有する町並みを活かした、まちづくりに関わる動きが展開されている。

　例えば、2018年8月に開催された「カワラララプソディ」（主催：城崎国際アートセンター）というイベントでは、豊岡のまちを舞台に作成した小説をもとに、豊岡を拠点とするアーティストと国内外で活躍するアーティストが協働して、市街地各所で展開される作品を制作・展示する、ツアー形式のパフォーマンス公演を実施している。来場者はまずメイン会場となった豊岡劇場（図5）に集まり、そのあと小冊子とマップを持ってまちを巡りながら、それぞれの場所に設けられた展示や上演を鑑賞するスタイルとなっている。市街地空間をステージとした演出は、地元の方々にとっても日常風景に新たな印象を与えるものだったのではないだろうか。

　図6は2020年11月に行われた、アッチコッチ商店街（主催：豊岡市）というイベントの様子である。市街地に点在する空き家・空き店舗を利用し、市外各地から集まったショップにゲスト出店してもらい、来場者には密を避けながら1日かけてゆっくりとまちなかを楽しんでもらうことを意図して開催された。取り組みに賛同した地元店舗の協力も得て、当日はスタンプラリーのスタンプを熱心に探す子どもの姿もみられた。出店場所やイベント会場が示してある当日配布されたマップには、混雑を避けるために進む方向が記されている。ウィズ・コロナ時代におけるイベントのかたちを模索しつつ実施にまで漕ぎ着けたのは、運営を担当した「アッチコッ

図5　カワラララプソディのメイン会場となった豊岡劇場。復興建築のひとつとされる

図6　アッチコッチ商店街の様子。前述した三戸一の空き店舗を利用して出店している

チ商店街実行委員会」の労が大きかったものと思われる。また、この取り組みは空き家・空き店舗の将来的な活用を視野に入れながら、結果的に人々の回遊性を促す空間的な仕組みとして復興建築を使っていると捉えられ、このことは人口減少社会のまちづくりを考える示唆を与えてくれるものと受け取れる。

　これらのような動きは、豊岡のまちに関わる多様な人たちが各々の観点から地域の文脈を読み解き、その対象に働きかけることで生み出されたものと言えるであろう。大災害からの再建を担った建築群は、その後の豊岡の近・現代史を支え続けてきた。その空間は、震災と復興に想いを馳せることができる、過去と現在を繋ぐ場であり、生活とともに培ってきた文化が組み込まれた、創造的な活動を生み出す母体のようにも感じ取れる。北但大震災の復興から約一世紀の時を経て、復興建築は新たな地域づくりの資源となっているのである。

参考文献

1) 豊岡市史編集委員会編『豊岡市史 上巻』豊岡市、1981 年
2) 豊岡市史編集委員会編『豊岡市史 下巻』豊岡市、1987 年
3) 豊岡市教育委員会編『目で見る豊岡の明治 100 年史』豊岡市教育委員会、1969 年
4) 兵庫県編『北但震災誌』兵庫県、1926 年、国立国会図書館デジタルコレクション、https://dl.ndl.go.jp/info:ndljp/pid/1020859（2020 年 7 月 25 日最終閲覧）
5) 西村天來『豊岡復興誌』但馬新報社、1935 年
6) 兵庫県城崎郡豊岡町編『乙丑震災誌 上巻』豊岡町、1942 年、国立国会図書館デジタルコレクション、https://dl.ndl.go.jp/pid/1439857（2024 年 8 月 20 日最終閲覧）
7) 兵庫県城崎郡豊岡町編『乙丑震災誌 中巻』豊岡町、1942 年、国立国会図書館デジタルコレクション、https://dl.ndl.go.jp/pid/1439863（2024 年 8 月 20 日最終閲覧）
8) 兵庫県城崎郡豊岡町編『乙丑震災誌 下巻』豊岡町、1942 年、国立国会図書館デジタルコレクション、https://dl.ndl.go.jp/pid/1439871（2024 年 8 月 20 日最終閲覧）
9) 越山健治・室崎益輝「災害復興計画における都市計画と事業進展状況に関する研究：北但馬地震（1925）における城崎町、豊岡町の事例」『日本都市計学会学術研究論文集』1999 年

共同研究

松井敬代（豊岡まち塾副塾長）、ハミルトン塁（一般社団法人マチノイト代表理事）

13 暮らす人と関わる人の相互補完関係をつくる
新潟県中越地震（2004年）／新潟県長岡市ほか　　　　　　　　澤田雅浩

「農家レストラン多菜田」で供される地元素材中心の食事

1 新潟県中越地震で見た中山間地域の復興と衰退

　2004年10月23日午後5時56分、新潟県中越地方を震源とするM6.8の新潟県中越地震が発生した。61集落が道路の寸断などによって孤立し、不安な中で救助を待たなくてならなかったこと、最大で震度6強を記録するような余震が断続的に発生し、10万人を超える人々が避難所や自家用車の車中などで避難行動をとったことなどが当時の特徴である。

　「自然災害は地域が潜在的に抱えていた課題をより深刻な形で突きつける」とも言われる。中越地震で大きな被害を受けたのは主に中山間地域の集落である。これらの地域では時に3mを超える積雪がありながら、稲作をしたり、鯉の養殖をしたり、牛を飼育したりしながら山の暮らしを持続させてきた。新幹線の停車するJR長岡駅から1時間以内で往来することができる地域ではあるが、中心市街地周辺と比べると特に冬の生活環境が厳しいこともあり、震災以前から過疎化、高齢化が進展していた。従来より過疎対策として様々な取り組みも行われていたものの、効果はさほど上がっていないなかでの被災となった。被災集落の中には住み慣れた場所を離れ、年単位での避難、仮設住宅生活を強いられたところもある。災害直後より、こ

130　2章　大規模な災害復興で見られたしなやかな対応

れらの地域は震災によって過疎化・高齢化がさらに進展していわゆる限界集落が多数生まれてしまうのではないかと危惧されていた。地域単位で見るとその危惧は現実のものとなっており、全村避難で注目されることになった山古志村（現長岡市山古志地域）では、震災前は690世帯・2184人であったものが、2020年時点で358世帯・809人となった。高齢化率も上昇し、旧村内で新生児が一人もいない年も出てきた。

　地域を離れた人はいったいどこに行ってしまったのだろうか。中越地震の被災地においては、後の東日本大震災の被災地で多く実施された防災集団移転促進事業が行われている。移転を希望する世帯に対しては、主に平地部で、買い物や通学通勤などの利便性が高い移転先用地が提供された。小千谷市東山地区では10あった集落のうち、最も奥に位置している十二平集落が全員で移転再建することを決め、元の集落は無住化した。それ以外の東山地区では、移転する世帯、しない世帯が分かれたため、残った世帯で構成される元の集落には、歯が抜けたような状況になってしまった。山間の集落から平野部へと人口が移動したのは、この防災集団移転促進事業の影響が最も大きいが、それ以外の世帯でも移転再建をしているケースもあり、結果として人口半減といった状況が生まれている。

　しかしながら、もう少し人口移動を捉える範囲を拡大して考えると違った側面も見える。中越地震において大きな被害を受けた長岡、小千谷、魚沼、十日町市においては、住宅を再建した被災者のうち96.2%が同一市内において住宅を再建している。被災地全体として見ると、これまでの人口推移のトレンドとあまり変化がなく、震災が地域外への人口流出を加速させたとまでは言い切れない。例えば山古志地域の世帯が移転再建をする場合、長岡駅周辺と山古志地域を結ぶ途中に土地を求めるケースが多い。山古志地域の入口に当たるような平野の端部で新築された多くの住宅が、山古志地域やその近傍の集落に住んでいた世帯のものである。中越地震の被災地は特に全国でも有数の豪雪地帯であり、冬の除排雪はその地域で暮らす際に欠かせないが大きな負担である。一方で移転再建が進んだエリアはそこから車で30分もかからずに移動できるにもかかわらず、積雪深は3分の1程度にまで減少する。時間距離としては大したことはないが生活環境がずいぶん違うこともあって、「少し（の距離）だけ山を降りる」世帯が増加したというのが実態である。

2 人口減でも活気がある山古志地域の復興

●被災地の住民以外の人々の増加

　数字で明らかなように、過疎化には歯止めがかからず、集落単独で雪深い山里の暮らしを維持していくのは難しくなってきた一方で、現在も多くの地域外の方々が週末を中心に山古志地域などを訪問している。震災を原因とする河道閉塞によって集落が水没し、その状況が目の当たりにできる木籠集落や、女性たちが自分たちで出資し、家族には迷惑をかけないというポリシーのもとお昼しか営業しない「農家レストラン多菜田」で旬の山菜でお腹を満たすのである。訪問後の感想の多くに、過疎が進んでいるはずなのに人が生き生きと活動しているように見えるといったものがあるように、人口減少が続くにもかかわらず活気があるように見えるのが、中越地震の復興プロセスの特徴である。

　震災による被害は、当時目の当たりにした地域の人々が「二度とこの地に戻ることができない」と諦めるには十分すぎるほど甚大であったし、地域外の避難所・仮設住宅での生活、その間に厳しい豪雪の季節が訪れ、状況が好転する兆しがない状況が続いた。

　しかし、その状況に少しでも手を差し伸べようと全国から多くの支援の方々が現地を訪れ、被災された方を励まし、そして生活再建の様々な活動に従事した。その代表的な存在が、地域復興支援員である。もともと震災直後からボランティアとして避難所や仮設住宅で生活支援だけでない様々なサポートをしていた人々が、地域復興への支援を継続すべく立ち上がった中間支援組織があり、そのメンバーは集会所などで対話を重ね、地域の可能性を見出し、それを具体的な活動へとつなげていこうとしていた。このモデルを被災地全体の復興へと展開すべく、中越大震災復興基金のメニューとして、地域復興支援員制度が生まれたのである。自治体内で受入組織を準備した上で、多くの地域復興支援員が採用され、様々な活動を行った。とはいえ、復興支援員の多くは若者でもあり、卓越した技術を有していたり、起業の志を持っていたりするわけではない。集落の人々が地域に戻って生活を再開する際に一緒に寄り添い、相談相手になり、そして時には支援員が農作業等の指導を受け、相談を受けてもらうといった対等で相互補完的な関係が構築された。支援員と言いながらも山の暮らしの達人たちにむしろ支援してもらう、という逆転現象も各地で

見られることとなった。

● 集落内で起きた前向きな変化

　その過程において、良くも悪くも自己完結、閉じた社会構造を持っていた中山間地域集落が、これまでにはない規模で外部の人たちとの接点を持ち、外部からの視点を獲得しながら自信を持ち、自発的・内発的な活動を活発化させてきた。

　外部の評価によってこれまでの取り組みを大きく変え、それが身の丈に合った活動へと繋がった一例として、先に紹介した女性たちが運営する「農家レストラン多菜田」がある。かつてこれらの地域で営まれていた民宿では、宿泊客の食事には一般的な食材を使い、地域で採れる山菜などは一部しか提供してこなかった。それが震災により一般的な食材を調達できないなか、復興支援員に地域ならではの食材や保存食を自分たちの調理法で提供したところ、びっくりするほど喜ばれたという。この経験は、自分たちの暮らしが持つ良さに気づく機会となった。中山間地・豪雪地帯での身の丈の暮らしに共感し、その価値を認めてくれる人の存在があることを確認できたことが、その後の様々な地域主体の取り組みに繋がってきたのである。

　地域の人が自ら考え、周りのサポートを受けながらも主体的に動く、そして地域の魅力を感じた外部の人たちが一緒に関わってくれるという様子は、特に仮設住宅から退去し、それぞれが住宅再建を果たして生活を立て直そうとするタイミングから一気に広がりを見せた。同様の取り組みをする集落同士が連携したり、情報共有をする動きも見られるようになり、これまでにない多様な人々との協働、そしてそれによる流動的な人や物の流れが生じるようになった。それが現在の、訪れた人に人口規模から来る過疎の雰囲気とは異なる印象を与えることに繋がっている。なお、関わりを持つ人々の中には少し離れた場所で住宅再建をした元住民の方々も含まれる。そこで暮らす人にとっては当たり前だったり、面倒だったりすることが、外の人にとっては面白く、素晴らしいものにも見える、という反転現象が巻き起こったのである。

　例えば、山古志村の油夫集落では、山古志地域の活性化の一助となるような復興支援として外国から提供されたアルパカを集落単独で受け入れ、その飼育と活用を自分たちで担っている（図1）。その結果、多くの来訪客が訪れ、世話をする地域住民と会話を交わしたり、長岡市内の学校へとアルパカが貸与されたりしている。関わりを持った若い復興支援員が経済的にも地域で暮らしていけるような環境を整え

2-3　平時のまちづくりに取り込む　**133**

図1 山古志油夫集落では住民が主体となってアルパカを育てる(左は住民であり、元長岡市役所山古志支所長の青木勝さん)

ることにも繋がっており、復興支援員がむしろ支援される側のような立ち位置へと変化してきたのである。

　復興支援員制度自体は現在は終了している。他の支援施策で同様の人的支援がある程度は継続しているが、復興支援員を卒業した人材がそのまま継続しているケースもわずかながら見られる。特に若い時期に支援員を経験した場合には、地域住民の支援をもらいながら地域で何かしらの生業を見つけ、そこに定住しているケースも多い。地域復興支援員第一号であった春日淳也さんは、冬期の狩猟等で得られた獣肉をジビエとして活用したり、廃校となった学校の一室を雪室として生ハムづくりを行うなどしながら地域住民としての生活を続けている（図2）。

3　交流、そして分かち合いで支えていく地域社会

　日本全体がすでに人口減少の局面を迎えており、過疎化は中山間地域だけの問題ではなくなった。その点で、過疎化の解消のためにいろいろな取り組みを行うとい

図2　地域復興支援員の任期終了後生ハムづくりに取り組む春日淳也さん

うよりは、人口が少なくなる状況でもどうやって暮らしを自立させていくかを考えていくことが大切になるし、中越地震の被災地で行われてきた取り組みはその大きなヒントになる。夜間人口ベースでの集落人口はどんどん減少するものの、それ以外に地域に関わってくれる人をどのように生み出すか、関係づくりを進めていくかを今後は積極的に考えることも必要だろう。コミュニティによる受援力の向上が災害時の円滑なボランティアの受け入れなどに有効とされるが、この受援力は防災・減災だけでなく復興においても大きな役割を果たすし、中山間地域は人口は少なくともそのポテンシャルは大きい。

3章
将来に向けた持続的な減災の取り組み

3-1	事前に復興の手立てを考える	...p.138
3-2	地域全体で教訓を継承する	...p.150
3-3	次世代の担い手を育てる	...p.174

01 被災を前提として町の資源と未来をつくる

津波避難タワー・防災ツーリズム／高知県・徳島県　　　後藤隆太郎

低地の家々の中心にある津波避難タワー（高知県黒潮町佐賀地区）

1　地区や集落における津波避難施設の整備

●人命を守る津波避難タワー・避難ビル

　三陸地方の言い伝え「津波でんでんこ：津波が来たら、いち早く、てんでんばらばらに高台に逃げろ」のごとく、津波警報が出た際にはとにもかくにも高台や避難施設へ向かうことが鉄則となる。東日本大震災の後、国の後押しがあって高所が近くにない地区の避難を補完するための津波避難タワーや津波避難ビルの建設が急速に進んだ。2021 年 4 月現在、全国の太平洋沿岸に 504 棟が存在し、静岡県 139 棟、高知県 115 棟、宮城県 41 棟、和歌山県 36 棟となっている。

●集落と津波避難タワーの空間的関係：高知県黒潮町佐賀地区の場合

　港のある拠点的な集落である高知県黒潮町佐賀地区の避難施設の大まかな計画手順は、①津波浸水が予想される範囲で全家族の避難や避難場所についてのカルテを作成する、②それらをもとに既存の裏山やお社といった高所等を緊急避難場所に設定しつつ津波が到達するまでに徒歩で避難できる距離（佐賀地区の場合308m）内に避難場所を有する住家およびその集積範囲を確認する、③所定の距離内に避難場所が設定できない住家およびその範囲を確認する、以上 3 つの手順で新設の避難タ

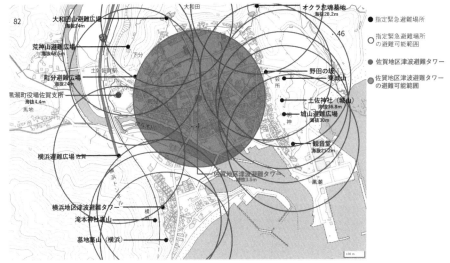

図 1　佐賀地区における裏山などの高所避難場所と低地中央の避難タワーの位置

ワーの位置や収容人数が計画された（図1）。

　佐賀地区には避難ビルに指定できる高い既存建物はないが、住家が集まる低地部分の周囲には裏山などの高所があり、地形や既存の神社・広場を生かした多数の避難場所が指定されている。これら高所のない低地の中心的な位置に、避難階の高さが海抜 25.4m（地盤から 22.0m）・収容人数 230 人の佐賀地区津波避難タワーと、伊与木川右岸山手に高さが海抜 20.2m（地盤から 11.0m）・収容人数 130 人の横浜津波避難タワーの 2 棟が新設された。特に中心部のタワーは構造物の大きさ、収容人数が日本最大級であり、山手に囲まれた低地の中央に高くそびえる防災のシンボルとなっている。地域全体で見れば、既存空間を発展させた避難場所と施設の体系的な計画がなされたと言える。

　しかしながら、佐賀地区のように集落空間との関係が明瞭な避難タワーばかりとは言いがたい。高知県・徳島県で筆者が現地踏査した 60 ヵ所程度の中には居住地から離れすぎていたり、普段は鍵が掛かっているなど、緊急時の利用が不安なものがあった。また、津波の想定高さが見直され、新設した避難タワーが使用禁止となった事例も複数ある。急ぎ実現したため十分な計画の時間がなかったとは言え、課題のある避難タワーの放置は問題であり、改修や転用、場合によっては撤去も選択肢のひとつとして検討する必要がある。

また、有効な避難タワーであっても、避難の実効性を持たせるためには自治体や住民による避難訓練などの取り組みが重要となる。例えば「地震があっても想定高さほどの津波はないだろう」などと思い込み、高齢者が「避難タワーの長いスロープはしんどくて、登れない」とあきらめている状況を放置すれば、有事にタワーが使用されない可能性もある。黒潮町では避難放棄者ゼロに向けて、避難訓練に参加しない高齢者宅に中学生が直接訪問し、一緒に避難訓練を行っている。最初は渋っていた高齢者も「少しだけでも動いてみませんか」という中学生の声かけで、車椅子を押されて一緒に避難タワーに上ったそうである（高知新聞2019年9月16日）。また香南（こうなん）市では、地域の自主防災組織が花火大会に合わせて夜間の避難訓練を行うなど日々の生活の中で災害への意識を高めていく工夫が見られた。さらに、避難タワーに冬の発災に備えた防風シート、非常用の鐘、地下に非常用貯水槽を設置する（高知県南国市）など、避難前後の安心に繋がる機能を追加する工夫が各地で行われている。

2　地区や集落に「馴染む」避難タワーとは

　避難タワーは緊急時に利用するものだが、日常的にも使えたり、集落や地域の良好な景観要素にもなる事例も出てきた。地区や集落に馴染むことで緊急時の利用促進が期待できる。

●共同利用や公的機能の併設

　集会所や公民館等に併設・合体した避難タワーは比較的多いが、高知県安芸（あき）市で

図2　避難ビルに指定される駅に向かうスロープ（安芸市・下山駅）

図3　保育施設近傍の避難タワー（徳島市）

は高所の鉄道駅舎が避難ビルに指定され、そこに向かう階段スロープが整備されている（図2）。徳島市では例外的に保育施設近傍の避難タワーが設定された事例がある。保育施設の利用者のみならず、それ以外の人も使用できる（図3）。いずれも日常的に多くの住民が利用する施設との併設であり、合理的である。

● 鎮守の杜を拠り所とする

安芸市の田園地域にある避難タワーは、神社の境内、集会所の横にある。敷地の制約や集会所脇から奥に抜ける動線への配慮による五角形の平面が特徴で、集落のランドマークが集結した広場となっている（図4）。

神社を拠り所とする避難施設については、避難タワー以外に高台（命山）の建設も進められている。徳島県阿南市の沿岸部に2020年に竣工した工地命山（たくむじ）の避難広場は、想定津波高さ海抜4.2mに対して海抜6.2mのかなり広い高台となっており、周囲には既存の神社とミニお遍路88ヵ所がある（図5、6）。今のところ祭などの利用はないが、今後の住民による高台の活用が望まれる。

● 海岸段丘上の集落や沿岸部の空間に組み込む

海岸段丘上の集落は周囲より地盤標高が高いため、避難タワーも小規模に

図4　集落のお社、集会所とともにある避難施設（安芸市・西ノ島集会所）

図5　沿岸集落のお社と高台（阿南市）

図6　沿岸集落の高台の上部

3-1　事前に復興の手立てを考える　　141

図7　海岸段丘上の杜(もり)と避難タワー(南国市前浜)　図8　ビーチ沿いの避難タワー(香南市)

なる。高知県南国市前浜の避難タワーは3階建てと小規模で、周辺に神社、ベンチ、ゴミステーション、駐車スペースなどが集まり既存の空間にうまく馴染んでいる(図7)。香南市のタワーは海水浴場沿いに建ち平時は展望台となっている(図8)。

避難タワーは大規模で整備費の嵩む構造物ではあるが、平時にも人が訪れる目的や活用の仕組みが加わると便益は大きくなる。

3　津波防災ツーリズムがさらに町を強くする

●最前線の防災現場から生まれるオリジナルコンテンツ

近年、黒潮町では津波防災ツーリズムに取り組んでおり、「自分の命は自分で守る」をテーマに座学・ワークショップ・フィールドワークによる学習プログラムが用意され、それぞれ防災の最前線ゆえの理論と実践に通じた充実した内容が準備されている。

ここでは、実際の生活者目線で防災を実感できるような工夫も見られる。「地域防災実感プログラム」では、実際に佐賀地区の国内最大級の津波避難タワーに上って見学し、地区の自主防災組織「防災かかりがま士の会」(かがりがましい＝おせっかい、世話焼きなどの意味を持つ方言)による取り組みの学習やメンバーとの意見交換ができる。「宿泊型夜間避難訓練プログラム」では、実際に黒潮町に宿泊し、設定した夜間の時間に発災したと仮定して、宿泊所近くの施設へのリアルな避難体験ができる。

また、黒潮町は非常食の産業化にも取り組んでいる。地域の食材を詰め込んだ缶

図9　防災と恵みが組み込まれた日帰りのモデルツアー
(出典：黒潮町防災ツーリズムのウェブサイト https://kuroshio-kanko.net/bousai/model-plan/（2024年7月2日最終閲覧))

詰を2015年から販売しており、缶詰づくりに至った経緯などの講話の他、レストランでの缶詰をつかった食事体験、缶詰で料理をつくるワークショップといった取り組みにも繋がっている。

●ツーリズムと防災の相乗効果

　黒潮町では防災を起点としたオリジナルコンテンツが幅広く生み出され、結果的に町に人を呼び込む状況が生まれている。黒潮町のウェブサイトやパンフレットには、こうしたプログラムを掛け合わせたモデルツアーが紹介されている。日帰りのモデルツアーでは防災学習と自然の恵みの体験を交互に体験できるよう計4つのコンテンツを組み合わせていたり、2泊3日のツアーでは黒潮町の学習プログラムがすべて体験でき、ホエールウォッチング体験やカツオの藁焼きタタキ体験など、地域ならではの自然の恵みが満喫できる（図9）。

　町の観光ガイドブックには「100年から150年に一度起こるといわれている南海トラフ巨大地震」と向き合う町ではあるが、その自然について「99％以上の恵みと1％に満たない危険」と捉え、「これからも、人と自然の付き合い方を考えながら、自然とともに生きる選択をしていきます」と強い言葉が記されている。災害に備えつつ、したたかに未来に向かおうとするこうした町の姿勢や取り組みが、住民の防災意識を醸成し、町の減災と活性化を両立させるのではないだろうか。

02 有事の行動計画を水から考える
ボッチ de 流しそうめん／三重県尾鷲市九鬼町　　　　下田元毅

ボッチ de 流しそうめん　(撮影：釜谷薫平)

1　被災時の深刻な水不足と地下水の活用

　井戸を見直す動きが全国的に広がっている。1995年の阪神・淡路大地震時には、消火用水や避難者の飲料用水と生活用水の水が不足した。ピーク時でおよそ127万戸が断水し、最長断水日数も90日を数えるなど大きな影響が出た。さらに、東日本大震災では19都道府県で断水戸数257万戸を数えた。上記を踏まえ、国土交通省は、水に関する危機管理対策の充実を図るため、2009年に地震災害時に利用できる井戸を整備することにより地震災害時に利用できる井戸を整備する「震災時地下水利用指針（案）」を取りまとめた。被災しても地域内で生活用水の確保ができるよう、緯度の再生・活用が各地で取り組まれている。

　そこで、筆者らが三重県尾鷲市にある小さな漁村九鬼で取り組む、水から考える事前復興計画の実践を紹介したい。災害時の生活用水を確保するため、この地域に昔からある取水装置に着目し、ボトムアップ型の事前復興まちづくりの糸口を探る。

2　小さな漁村が大きな災害に立ち向かうには

●7割の住居が浸水し、孤立集落化するという予測

　九鬼は、ブリの大型定置網を基幹産業とする人口約300名の小さな漁村である。紀伊半島東部の熊野灘に面するリアス海岸の湾奥に立地し、標高差約50mの斜面地に等高線を刻むように密度高く住居が立地し、美しい屋並みの景観をつくり出している。漁村内は、幅0.6～1.5mの細い路地が網の目状に入り組み、立体的な石垣や石塀に誘導され、奥行きある路地空間を体感することができる。

　一方で九鬼は、南海トラフ地震による大規模な津波の被害にあうことが危惧されている。尾鷲市のハザードマップによると最大津波高さは17mと予測され、浸水域を地図上に重ねてみると約7割の住居が浸水することとなる（図1）。さらに、被災時には九鬼は孤立集落化し、市街地に比べて救助や災害物資も遅れることが予測されることから、自助的に一定期間の水の確保を行っていく必要がある地域である。

図1　九鬼全景写真と津波浸水域図

● ボッチ：山水を貯める石の水槽

　九鬼の集落内を歩くと、珍しい石の構築物と出会うことができる。豊かな山水に恵まれた九鬼では、百年以上前から小さな河川上に「ボッチ」（地域固有の呼称）と呼ばれる石組の貯水槽を設置し、山から竹樋を使って生活用水を確保していた。延石が井桁に組まれたボッチは、小さな河川の上に浮くように置かれ、併走する路地はすべて石畳の設えである。ボッチ下にはかつて河川を利用した洗い場が存在し、ボッチとその周囲は、人の利用と賑わいの痕跡、水と石が折り重なる重層性ある空間の様相を見せてくれる。ボッチの石組みの天端には半円状の加工があり、竹樋を掛けることができた。河川上に浮いたようなボッチと流れの上に掛けられた竹樋は、水系や地形を可視化する様な存在であったと想像できる。狭隘な河川と路地、急峻な地形と人間の営みがつくり出した空間である（図2）。

　しかし、上水道が敷設されてからは山から水を引く必要がなくなり、現在は空の状態でボッチが放置されている。

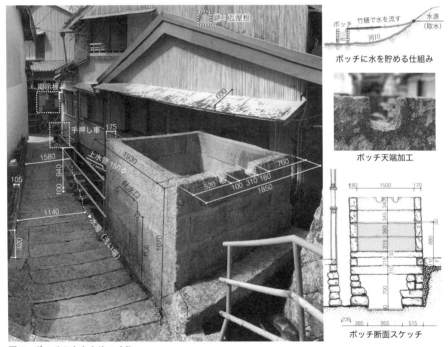

図2　ボッチの大きさやつくり

3 「ボッチ de 流しそうめん」で共有する有事の行動

　筆者のチームは、ボッチを九鬼固有の空間資源として捉えると同時に、「事前復興まちづくり」においてボッチを被災時の生活用水を確保する取水装置として再活用するため、2023年8月のお盆の時期に「ボッチ de 流しそうめん」を実施した (図3)。かつての地域固有の取水の仕組みを流しそうめんで再現し、楽しいイベントを通して有事の際の取水確保の準備過程・行動計画と同期させることを目的としている。地域内における防災への取り組みは、このように地域の人々と防災まちづくりの実践を通して事前の意識を高め、理解を共有化していくことが重要である。「ボッチ de 流しそうめん」を通して、70年ぶりにボッチに水が貯まる風景をつくり出した。

　また、このような非常時の水源としての他に、ボッチにはもうひとつ重要な役割と意義がある。水場利用者による自生的なコミュニティの核としての役割である。従来より井戸等の水場利用コミュニティは、地域の人間関係に根ざしながら近隣間のコミュニティ形成を構築し、維持してきた重要な資源であった。九鬼でのこの取

図3　「ボッチ de 流しそうめん」の様子。70年ぶりにボッチに水が貯まる

り組みは、ボッチに見られたかつての井戸端の風景を今日的コミュニティの空間として創出する試みでもある。「ボッチ de 流しそうめん」に参加した地域の人々は、水に恵まれた町であることや、行政に頼ることなく水の確保ができる手段を再認識していた。さらに、これらのことを住民同士で話している場面に遭遇した際、この取り組みに大きな手応えを感じた（図4）。

4　30年内の発災を見越した仕組みづくり

「ボッチ de 流しそうめん」は毎年お盆に開催し、ボッチに水が貯まる状況を常設

図4　ボッチ de 流しそうめん全景 (撮影：釜谷薫平)

とすることを目標にしている。多くの地域住民の協力・連携を図りながら実施しているが、今後はできるだけ九鬼に住む子どもたちや帰省していた九鬼にルーツを持つ子どもたちに参加を呼びかけていくつもりである。政府の地震調査委員会によると、南海トラフ地震は20年以内に60％の確率で発生すると予測しているため、仮に20年後に被災した場合、地域の復興を行っていく主体世代となるメンバーで実行することを見据えているためである。毎年、地域内外の地縁・血縁を含め九鬼にルーツのある10代〜30代前半の世代を中心としたメンバー構成となるようスキームを検討している。

5　事前を見据え「今」を見直すことで地域に適した備えを探る

　先を見据えた「事前」を考えることは、「今」を考えることに繋がる。計画を立案しても実行できなければ意味をなさない。「事前復興計画（案の提示）・まちづくり（実践）」を行いながら、計画案を見直し、更新し続けていくことが重要であると考えている。特に水の存在は、災害時の重要な生活を支える要素のひとつである。地理的に条件の悪い地域では公助に頼れず、自助的に被災後を過ごしていかなければならない場合も十分に想定される。何か新しい対策を考案する前に、自身の地域を見直し、地域固有の営みの文脈に即した事前復興計画を思案する必要があると筆者は考える。さらに小規模な集落の場合、水は文化や景観に関係することや従来からの固有の取水方法が存在している場合が多い。筆者は、ボッチを通して現在の水と暮らしの関係を問うことを学び、少しずつではあるが、汎用性ある仕組みを確立していきたいと考えている。

　災害時には、行政も混乱する場合が多い。冒頭に書いたように、生活用水の確保を地域内で、しかも自分たちだけで確保する術は、各地で必要である。まずは自分の町にどんな取水の仕組みがあるのかを見直すことが、被災前後の備えに向けた大きなアクションに繋がると考える。

03 復興への原動力となった郷土芸能
獅子振り／宮城県牡鹿郡女川町　　　　　　　　　　　　　　　　岡田知子

二次避難所で手づくりされた「座布団獅子」による獅子振り（撮影：阿部貞）

1　集落ごとに受け継がれてきた「獅子振り」の文化

　宮城県の石巻市や女川町の沿岸では集落ごとに獅子振りの郷土芸能が受け継がれてきた。正月の春祈祷は悪魔払い、海の安全や大漁、無病息災、家内安全を祈る重要な祭礼で、笛や太鼓の囃子方が獅子頭について家々を一軒一軒廻った。5月に各神社で行われる例大祭では町内各地で御神輿が担がれるだけでなく、獅子振りの演舞が行われるなど、毎年盛大に催されてきた（図1、2）。

　女川ではシシマイのことを「獅子振り」と称している。獅子頭をかぶって舞うシシマイは日本には少なく見積もっても数千が存在し、全国至るところで様々な形で伝えられているが、獅子振りという名称で呼ばれているのは石巻や女川といった一部地域に限られる。女川町の各浜に伝わる獅子振りは、浜ごとに獅子頭がすべて違うとともに、男獅子と女獅子があり、衣装やお囃子も浜によって異なる[1]。

　また、「虎舞」が獅子振りの演舞として存在することも大きな特徴とされている。「虎は千里を走り還る」という中国の故事にちなみ、海洋で漁に出ている家人の無事な帰港を願う気持ちと大漁を願うものが元来の悪魔払いや魔除けの願いに追加されたものと考えられる[1]。こうした各浜の獅子振りは「実業団」という組織が伝承

図1　2011年の春祈祷 (撮影：阿部貞)　　図2　2011年の祭礼での獅子振り (撮影：阿部貞)

してきたが、近年では担い手不足から保存会へと変化するケースが見られる。

2　津波による被害と、被災者の心を上向けた「座布団獅子」

● 獅子振りに熱心に取り組み、伝えてきた竹浦集落

　女川町北浦地域の竹浦集落ではこの獅子振りを次世代に継承していくため、1989年から子ども達に笛、太鼓、獅子の振り方を指導するなど尽力し、大切に守り継いできた。獅子振りに関わる昭和20年代の貴重な記録である『竹浦実業団関係資料』によると、新築家屋を廻る獅子振りの順番を巡って約2時間にわたり議論したこと、翌年の道路改新に伴い廻る家の順番を変更すること、「停電ながら24時まで演じる」「天候に激変がない限り夜通しで行う」ことが記載されており[2]、竹浦の人々が昔から熱心に獅子振りに取り組んでいることがよくわかる。

　東日本大震災が発災した2011年も、例年通り1月2日に獅子振りが奉納された。竹浦集落には63世帯・187人が暮らしていたが、3月11日に高さ15mを超える津波に襲われ、61世帯が津波に流され家屋が全壊、死者数は16人に上った。獅子頭をはじめ太鼓、笛など獅子振りに使う道具もほとんど流され、そして一緒に獅子振りを継いでいた仲間をも失ってしまったのである。

● あるものだけでつくった「座布団獅子」が被災者に笑顔を取り戻させた

　発災後、竹浦集落の住民は旧女川第三小学校に一次避難していた。数ヵ月経って仮設住宅の計画が立ち上がると、完成までの間は秋田県仙北市で二次避難生活を送ることが決まった。5月6日になってバスで一次避難所を出発、5時間かけて仙北市

の二次避難所であるハイランドホテル山荘に到着したとき、震災後始めてゆっくりとくつろぐことができたという。

しかし山荘での生活が始まってからの住民たちは、家族や友人、帰る家を失い、先行きの見えない不安に襲われて、皆が意気消沈した状態だった。そんな様子を見た年配の女性2人が、座布団と空き缶にスリッパ、荷造り紐という、そこにあるものだけで密かにつくり上げたものが「座布団獅子」だ（図3、4）。伝統的な獅子頭とは似ても似つかない愛嬌のある表情で、夕食の後に獅子振りを披露すると、二次避難してから初めて全員に笑いが戻った。長引く避難生活で疲れ切っていた被災者たちだが、子どもの頃から親しんできた獅子振りを見て表情が一気に明るくなり、元気を取り戻すことができた。震災後、まだ避難所生活が続くなかで獅子振りが復活したということで、当時注目を浴びた。

5月22日、女川町による復興計画説明会があった。北浦地区では桐ヶ崎、竹浦、尾浦の3集落を集約し海から離れた高台に移転する計画案の提示があったが、住民からの反対意見が多く白紙になった。竹浦集落では養殖従事者からの浜から近く海が見える高台を望む声を受け住民自ら移転地を探すことになり、発災から6年後の2017年に、浜に近い海を見渡せる裏山に造成された高台の2ヵ所に分かれて移転が完了した（図5、6）。

居住地が高台に移転したため新たな防潮堤の建設は望まず、もともと居住地だった低地を嵩上げするにとどまった。しかし、そのために1960年に建設された防潮堤は現在1mほどの高さに見え、かえって海が近くに感じられるようになった。浸

図3　震災後に新たにつくった獅子頭

図4　座布団獅子

水想定区域は海から連続する漁業関連の産業空間に利用されており、津波常襲地帯として理にかなった土地利用になったと言える。周辺自治体では巨大な防潮堤が建設され海が見えなくなった復興事業が進行していることとは極めて対比的である。

新しくできた集会所には、震災後にできた「竹浦獅子振り保存会」がつくり直した新たな「獅子頭」と避難先で生まれた「座布団獅子」の両方が、今も大切に保管されている。竹浦獅子振り保存会の阿部貞会長は「これが私たちの復興の原点、宝物なんです」と語った。

住民は獅子振りが集落の文化的伝統的誇りであることを再認識することで結束したと言える。「座布団獅子」が地域の結束と復興の象徴となり、住民は共に励まし合い、希望を見出し、地域の絆を一層強固なものにした。それによって竹浦の住民たちは、災害から立ち上がる大きな力を見出したのである。

図5　震災前の集落 (出典：独立行政法人国立文化財機構東京文化財研究所無形文化遺産部『おながわ北浦民族誌』2021年をもとに筆者作成)

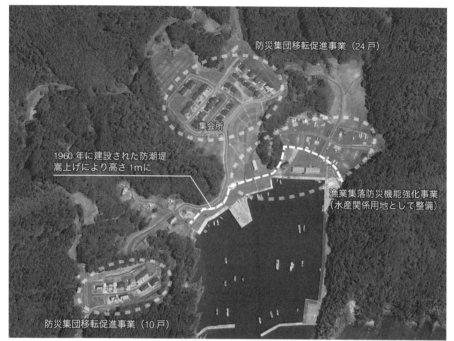

図6 再建した竹浦集落 (出典：Google Earth の画像に筆者加筆)

3 復興のシンボルとなった「座布団獅子」

　復興のシンボルとなった「座布団獅子」は現在、獅子振りのイベント時には欠かせない存在となっている。1957年に始まった女川町内最大イベントである「おながわみなと祭り」にも参加する。この祭りは基幹産業である水産業・水産加工業の発展、地域経済の活性化を図り、さらなる躍進を期すことを目的に開催され、海上花火大会、各種団体が参加するパレードをはじめ各地区の獅子が船に乗り、女川湾内を勇壮に舞う「海上獅子振り」が行われる（図7）。色鮮やかな大漁旗をはためかせた各船が港に集い、船上で地区ごとに獅子振りを披露する。その際、竹浦集落では阿部会長が「座布団獅子」を携え、船に乗り込む。また、震災後立ち上がった竹浦獅子振り保存会では「座布団獅子」と共に活動する女性グループ「竹浦ガールズ」を結成した。十数名が活動し、県外に招待されることも多く、活躍の幅を広げている。

図7　2022年の「おながわみなと祭り」での海上獅子振り （撮影：阿部貞）

4　郷土芸能の継承と地域減災

　災害はいつ起きるかわからない。いざという時にできるだけスムーズに行動し、被害を最小限にとどめるためには、日頃からの備え、特に地域コミュニティが重要だと言われている。そういう意味では獅子振りは重要な役割を果たしていると言える。正月の春祈祷では獅子頭と笛や太鼓の囃子方が集落の各家々を一軒一軒廻って悪魔払いをするため、皆が各家の状況を把握することになる。また、何人で住んでいるのか、手助けが必要なお年寄りがいるのかなど避難する際の重要な情報を共有することができる。これまで郷土芸能は文化的側面からの評価が大きかったが、避難時やその後の復旧や復興においても重要な役割を果たすことが「座布団獅子」によって明らかになった。

参考文献
1)　独立行政法人国立文化財機構東京文化財研究所無形文化遺産部『おながわ北浦民族誌』2021年
2)　阿部貞さん提供資料

04 災害伝承媒体としてのインフラと祭り

津浪祭／和歌山県有田郡広川町　　　　　　　　　　　　　　林和典

海側から見た広川町。手前に広村堤防、右奥に広八幡神社

1　津波と向き合ってできたまち

　「天災は忘れた頃にやってくる」と言われるように、数十年、数百年に一度の大災害は、人々の記憶が薄れた頃に発生する。東日本大震災は1896（明治29）年の明治三陸津波、1933（昭和8）年の昭和三陸津波に続き、78年ぶりに東北太平洋沿岸部で発生した大地震・大津波である。災害という非日常的な出来事を日常的に意識し継承する方法について、和歌山県有田郡広川町の一事例をもとに考察する。

●津波への備えと広川町の発展

　和歌山県有田郡広川町は、和歌山県の中部に位置し、広町[注1]・南広村・津木村の合併により1955年にできた町である。1854年に発生した津波の後、1858年に築造された「広村堤防」や、堤防築造に尽力した中心人物である濱口梧陵の「稲むらの火」の物語が有名である（図1）。防災の町としての活動や歴史的遺産の価値が認められ、2018年に『「百世の安堵」～津波と復興の記憶が生きる広川の防災遺産～』のストーリーが日本遺産に登録された[1]。

　広川町は、津波の被災と備えを繰り返し、発展してきた町である。1400年頃、当地を支配していた畠山基国により長さ400間余りの「畠山石堤」が築かれた。室町

時代末期には、安全な漁業・商業の町として「広千七百軒」と呼ばれるほどの繁栄を誇った。江戸時代に入り当地を治めた紀州徳川家により、長さ120間に及ぶ「和田の石堤(現在の天皇の波止)」が寛文年間(1661〜73年)に築かれ、さらに安全な漁港・港町として発展した[2]。

1707年に発生した地震により津波が当地を襲い、1086軒あった住家のうち850軒が流失・破損し、236軒のみとなった。また、和田の石堤が津波によって崩壊し、安全な漁港を失った広村は衰微の方向へ向かった。正徳年間(1711〜16年)頃には出稼ぎ漁師の豊漁等も重なり600軒ほどに復興し、1802年には和田の石堤が再築された。しかし、昔日の繁栄を取り戻すことはできず、安政の津波(安政元年:1854年)の直前には340軒ほどまで減少した[2]。

● 村民の離散をも防いだ「広村堤防」

安政の津波により、339軒と集落のほぼすべての住家が被害を受けた。濱口梧陵は、津波に流され逃げ遅れた人々のために稲むら[注2]に火をつけ、高台である広八幡神社への目印として多くの人を救った。家屋や漁船が流失・破損し、荒れ果てた広村では、津波の再来の不安もあり村を離れる者も出始めた。そこで濱口梧陵は、広村を安全に暮らすことのできる村に復興し、家や家財一式を流された村民に仕事を与えるため、広村堤防築造の事業を始めた。この事業には、津波により発生した瓦礫や塩分を含んだ田畑の土を処理し、良質であるがゆえに年貢の非常に高かった田畑を堤防にすることにより税を減免する狙いもあった。濱口梧陵を中心とした事業により、村民の離散は防がれ、広村は安全な村へと復興した。広村堤防の主なサイズは、高さ5m、根幅20m、延長600mである。最高高さは6.13mあり、安政の津

図1　広村堤防

図2　広村堤防によって守られた広地区の町並み

波の際に東濱口家住宅の柱に残された津波の痕跡の高さ5.04mを参考に設計・築造されたことがわかる。津波被害を教訓につくられた広村堤防は、1946年の南海地震の際に発生した津波から広村の集落を守った（図2）。

　以上のように、幾度も津波に襲われてきた広川町は、津波に対するインフラを整備し発展を遂げてきた。

● 自然と呼応したまちの形成

　広地区は、自然地形をうまく活用して成り立っている（図3）。大道に沿って、浜町通りと田町通りは海抜3mであるのに対し、地域の有力者の住宅が立ち並ぶ「中町通り」は海抜3.5mある。稲むらの火の館の前面道路は海抜2.5mである。また、大道から離れた浜町通りの南西部では海抜1.5mの所もある。緩やかな勾配を読み取って集落が形成されてきたと考えられる。このように大道沿いの標高が高く、大道から離れると2本の河川があるため、大道を通って広八幡神社へ避難するルートは地理的に理にかなった避難方法なのである。

2　祭りを契機とした伝承方法の展開

● 災害伝承のための祭り

　1903年に「安政津波50回忌」が、地元有志により催された。以後、安政の津波の発生した11月5日に、神事と堤防への土盛りを行う「津浪祭」として、現在まで百年以上続いている。当時は祭り当日の早朝に、村民総出で濱口山と呼ばれる小山から土を取り、堤防の補修を行っていた。現在、広村堤防はコンクリートで補強されているため形式的ではあるが、広小学校の6年生と耐久中学校の3年生が堤防への土盛りを行っている。村民の有志によって始められたが、現在は広川町役場が

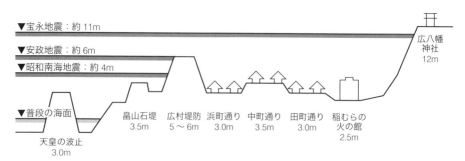

図3　広川町の断面概念図

主催している。祭りの前日には町民有志が清掃を行っている。2012年から津浪祭と同日に避難訓練を行うようになり、JR西日本と連携した電車からの災害時の降車訓練や広八幡神社への避難を実施している。追悼の神事に合わせて避難訓練を行うことによって、一層防災への意識を向上させている。

　安政の津波から150年後の2003年に、火を灯した松明を持ち役場から広八幡神社まで練り歩く「稲むらの火祭り」が地元有志により始められた。役場から主要道の「大道」を通り広八幡神社に至るルートは、安政の津波の際の避難経路であり、現在の広地区の住民の避難経路でもある。稲むらの火が灯るルートを歩き、広八幡神社で神楽を見て、炊き出しを食べることで、安政の津波を追体験する（図4）。

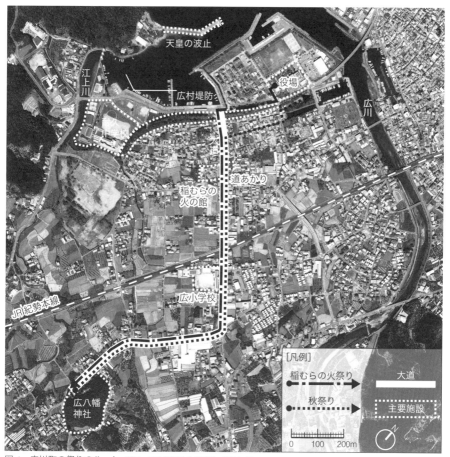

図4　広川町の祭りのルート（出典：国土地理院航空写真に著者加筆）

広川町では津波防災に関する複数の祭りが毎年行われている。津浪祭は濱口梧陵らの偉業を偲び、安政の津波で亡くなった方を悼む神事であり、火祭りは町外の人も多く参加するイベントのようなものである（図5、6）。また、広八幡神社で行われる秋祭りでは、神輿が大道を通り、避難経路がさらに強調されている。上記の祭りとは別に、町民参加の避難訓練が毎年不定期に行われている。以上のような祭りやイベントによって、防災意識の風化を防ぎ、継承している。

● 災害に備え、災害を意識させるまちの形成

広地区では、畠山石堤に始まる、津波に対するインフラ整備が昔から行われ、広川町を象徴する広村堤防と、それに直行する大道を中心に町がつくられてきた。大道沿いには災害伝承を担う「稲むらの火の館」があり、2021年には、館の向かいに物産販売・飲食施設の「道あかり」がオープンした。筆者が訪れた際には、まちの人が集まって談笑している様子が見受けられ、地元の方の憩いの場になっているそうである。

広川町内には、電柱に蓄電池内蔵型の避難誘導灯が設置され、災害時にはまるで安政の津波の際の「稲むらの火」のように、避難路を明るく照らす。また、広村堤防の所有・管理は広川町であるが、広村堤防保存会が年に数回清掃活動を行っており、裏庭の掃除の延長で堤防の掃除をする住民の方もいる。

広地区は、宝永・安政の津波を乗り越えた未来への備えから構築され、非日常（地震・津波）に対する備えである広村堤防や大道は、広地区居住者の日常生活の延長線上にある。そして、避難や防災のシステムを組み込んだ地域固有の祭りによって、日常生活を営む場が、安政の津波の記憶や非日常への備えを可視化し意識させ

図5　津浪祭での土盛

図6　津波祭での神事

ている。

3　防災の歴史を文化遺産として発信する

　本稿を執筆するに当たり、稲むらの火の館の元館長であり、現在は広川町日本遺産ガイドの会の会長を務めるK氏と広川町役場の方にお話をうかがった。K氏は、日本遺産に関する資料、ガイドブック、子ども向けの学習教材、紙芝居等を自ら製作するほど、熱心に町の歴史や防災に関する啓発・教育活動に取り組んでいる。津波や復興の記憶を伝える津浪祭と稲むらの火祭りは、ともに地元有志によって始められた祭りであり、町民主体の取り組みには目を見張るものがある。稲むらの火の館では、防災に関する取り組みを発信する「やかただより」を毎月発行し、広川町全戸に配布している。役場の方は、熱心な地元の方の意見に応えようと、津浪祭や稲むらの火祭を担当する人材を設置し、祭りを主催している。さらに広川町は、日本遺産『「百世の安堵」〜津波と復興の記憶が生きる広川の防災遺産〜』への登録を契機とした、広地区の歴史まちづくりに積極的に取り組んでいる。日本遺産を通じた地域活性化事業には人材育成や普及啓発事業等のソフト事業が含まれ、防災の歴史の一層の発信・継承が期待される。

参考文献
1)　広川町日本遺産推進協議会『「百世の安堵」〜津波と復興の記憶が生きる広川の防災遺産〜』2018年
2)　広川町誌編纂委員会『広川町誌 上下巻』1974年

注
注1)　1950年に町制を施行した広村が広町となった。現在、元・広町域は「広地区」と呼ばれている。
注2)　稲むらとは稲刈・脱穀後の藁を積んだものである。

05 度重なる被災経験から生まれた年中行事
千度参り／兵庫県豊岡市田結地区

菊池義浩

八坂神社での千度参りの様子

1 連続大火からの反省で浸透した防災意識

　兵庫県豊岡市の田結(たい)地区は円山川の河口部に位置する、人口115人、世帯数53世帯（2023年11月末時点。住民基本台帳より）の集落で、津居山湾東側に面する部分に焼杉板を外壁に用いた住宅が密集するかたちで形成されている（図1、2、3）。昭和の大合併で豊岡市へ編入するまでは、円山川河口を挟んだ港東（気比、田結、畑上、三原）・港西（小島、瀬戸、津居山）の両岸7地域で構成された農漁村である旧港村に属していた。

　港村誌によると、このあたりは平地が少なく田畑として使える土地が限られる地形で、山麓や川沿いに耕地が開かれている。加えて、「浜辺の寄洲が段々畑地となり、宅地となっている」[1]ことが特徴として見られる。また、兵庫県北部の但馬地域は江戸時代から養蚕業が行われており、明治期になると旧港村でも盛んになり「津居山以外の各部落では、村内、数戸乃至十数戸が飼育していた」[1]とのことである。

　田結地区は過去に度々火災に見舞われており、表1はその歴史を整理したものである。江戸後期からの記録であるが、1812年に百姓八五郎の炭小屋からの出火で38軒が類焼したとの記述がある。明治期に入り、1983年と1891年の短い期間に連

162　3章　将来に向けた持続的な減災の取り組み

図1　田結地区の空中写真 (出典：国土地理院「地理院地図」に筆者加筆)

図2　田結地区の風景

図3　田結地区の家並み

表1　田結地区の火災史

年月日	出来事
1812（文化9）年2月5日	八ツ時百姓八五郎と申者、炭小屋より出火仕り候て、家数三十八軒類焼仕り候、もっとも御高札場、御囲穀蔵両様別条御座なく候。
1873（明治6）年旧4月17日	□□五左衛門より出火し焼失戸数五十九戸に及び実に惨状を極む。火元は失火罪として罰金三円に処せられたり。
1891（明治24）年7月2日	□□順太郎より失火し焼失戸数五十七戸。前火災より僅かに十九年振りで再び大火に遭遇し、誠に悲惨の状況なるを以て村役場より義捐金を募集し、七拾円の恵与を受け、度々の失火であるので「火除け」として船据置場二ヶ所を設けた。
1911（明治44）年5月16日	午前八時半頃□□岩蔵より失火し、焼失戸数十三戸。僥倖にして当日は昼間に風なく併せて気比、畑上、津居山、瀬戸、小島及城崎六ヶ村の消防夫の尽力により前回に比し大事に至らずして鎮火するを得たり。

(出典：安田清『港村誌』港公民館、1965年をもとに筆者作成)

3-2　地域全体で教訓を継承する

図4　1891年の火災後に設置された火除けの位置（出典：国土地理院「基盤地図情報」に筆者加筆）

図5　火除け空間（北側）

図6　火除け空間（南側）

続して大火が発生し、それぞれ60戸弱の家屋が焼失している。その反省から「火除け」（図4、5、6）となる船据置場を設置するなどの対策を施し、また近隣地域の消防夫の活躍もあり、明治期3度目となる1911年の火事では焼失戸数13戸と大きな被害を免れている。田結地区では度重なる被災経験の教訓から、火災に対する意識が地域住民の中に浸透し、発災時の備えとして根づいていった様子がうかがい知れる。

2　北但大震災で生かされた大火の経験

　1925年5月23日に起きた北但大震災では、震源地に近い田結地区・旧港村でも甚大な被害を受けた。北但震災誌[2]によると「人畜の被害は一般に直接地震より蒙りし其れよりも地震より来る家屋倒壊に伴ふ火災による死傷者多く特に豊岡、城崎両町の如きは家屋倒壊に次ぐ火災により死者、行方不明合計三百三十三名に及び惨状其の極みに達し田結、津居山、気比等も亦死傷少なからざりき」と「第二章　人及住宅に關する被害」の冒頭で記述されている。

表2　旧港村の被害状況

地区名	総戸数	焼失家屋	全壊家屋	半壊家屋	破損家屋	人口	死亡者	重傷者	軽傷者
小島	83		23	52	6	309	1	1	4
瀬戸	116	1	48	53	14	574	4	3	30
津居山	250	145	68	37		1,377	19	7	75
気比	191	2	92	70	27	1,129	6	5	10
田結	83		67	15	1	494	7	9	37
畑上	59		10	24	25	317			
三原	31		1	10	20	153			
計	813	148	309	261	93	4,434	37	25	156

(出典：今村明恒「但馬地震調査報告」『震災予防調査会報告』101、pp.1-29、1927年をもとに筆者作成)

　表2は旧港村の被害状況を整理したもので、田結地区では83戸中の82戸が全半壊し、65人がその下敷きなった。当時は養蚕の掃立の時期で火気を使用していたため、倒壊した家屋の3戸から火災が発生した。しかしながら、明治期に起きた大火の経験から動ける人たちは消火活動を優先し、火元を消してから直ぐに人命救助にあたり、58名を救出している[3]。今村は著書の『鯰のざれごと』[4] の中で、「斯くて田結の部落は、地震國日本が經驗し得る最強度の地震に襲はれながら、震災は附近の町村に比較して極めて輕かったのである。此は決して偶然ではない。前にも指摘した通り、彼等は沈着で賢明で且つ能く訓練されてゐた」と述べている。見方によっては、極めて過酷な状況下での冷徹とも見える判断・行動ではあるが、被害を最小限に抑える減災的な考え方に基づく対応と捉えることができる。

3　田結地区の「千度参り」

　田結地区の八坂神社（図7）では、成人式の日、北但大震災の日（5月23日）、二百十日（9月1日頃）の年に3回「千度参り」が行われる。田結地区の千度参りは早朝に参拝者が神社に集まり、竹札を手に高台にある本殿の周りを回りながら、各々が1周するごとに1枚ずつ箱に入れる行為を繰り返し、合計で1000枚の札を納め、地域の安全を祈願する民俗行事である。定期に行っている他にも、病気の治療・回復を願う際などにもお千度が踏まれる。

　地元の方にうかがったところ、「御千度」と書かれた竹札（図8）には様々なことが記されており、第二次世界大戦の出兵にあたって安全祈願した札が目立つそうである（2019年8月13日、2023年5月23日、2024年3月11日の3回インタビュー

図7　八坂神社

図8　千度参りで使用する竹札

図9　田結地区にある震災記念碑

図10　震災記念碑の碑文

を実施）。現在は約3000本の竹札が保管されているとのことだが、長さやサイズもバラバラで、その都度作成・追加されてきたことがわかる。

　田結地区での千度参りは地域外の人々にも開かれており、地元住民でなくても参拝の列に加わることができる。いつから行われているのか正確な記録は見られないとのことであるが、長い年月にわたり災害の教訓を伝承し、地域の災害文化として浸透している事例と言える（図9、10）。

4　災害文化の定着が被災地を強くする

　災害文化について、広瀬[5]は「幾世代にもわたる社会や家族、個人の災害経験が、社会の仕組みや人びとの生活のなかに反映されて、社会の暗黙の規範や人びとの態度や行動、ものの考えかたなどのなかに定着する様式」と定義しており、「人間社会が自然災害と折りあって生きていくための意匠として、災害文化が生まれ、災害への適応と、集合的なストレスの軽減に役立っている」と述べている。また金井ら[6]は広瀬による定義を引用しつつ「災害文化が地域に根付くということは、災害をやり

過ごす知恵が親から子へ、子から孫へと世代間で自動継承していく社会システムが確立されたことを意味しており、この"災害文化"を地域に定着させることが、"災害に強い社会"の実現のための一方策であるといえる」との見解を示している。

田結地区では千度参りの他にも地域防災の取り組みが実施されてきており、婦人消防組では毎日自宅のかまどの火を消したのは何時か、1年間365日カレンダーに書き留める活動を行っていたとのことである。月1回きちんと記録されているかチェックし、優秀な家庭にはお正月に賞品が配られていた。現在では高齢化から婦人消防組は解散して、カレンダーも実物は残されていないとのことであるが、地域ぐるみで日常的に災害に備えていたことがうかがえる。

インタビューにうかがった2024年3月11日の午後2時46分、昼下がりの静かな集落に東日本大震災で犠牲になられた方々を追悼する黙祷の防災無線が流れた。当然のように起立し目を閉じる様子から、災害文化を備えているということは、他地域で起きた災害をも教訓として減災に活かしていく、その素養を有していることのようにも感じ取れた。

参考文献
1) 安田清『港村誌』港公民館、1965年、国立国会図書館デジタルコレクション、https://dl.ndl.go.jp/pid/3008299（2024年8月22日最終閲覧）
2) 兵庫県編『北但震災誌』兵庫県、1926年、国立国会図書館デジタルコレクション、https://dl.ndl.go.jp/pid/1020859（2020年7月25日最終閲覧）
3) 今村明恒「但馬地震調査報告」『震災予防調査会報告』101、pp.1-29、1927年
4) 今村明恒『鯰のざれごと』三省堂、1941年
5) 広瀬弘忠『人はなぜ逃げおくれるのか』集英社、2004年
6) 金井昌信・片田敏孝・阿部広昭「津波常襲地域における災害文化の世代間伝承の実態とその再生への提案」『土木計画学研究・論文集』Vol.24、No.2、2007年

共同研究
石椿督和（関西学院大学准教授）

06 模型を活用したふるさとの記憶の見える化
「失われた街」模型復元プロジェクト／被災各地　　　　　　友渕貴之

ふるさとの記憶 WS の様子 （撮影：Jason Halayko）

1　可視化・共有の難しいふるさとの記憶

　災害大国とも称されるわが国では、自然災害による被害とは無縁な生活を過ごすこと自体が困難であり、特に近年は激甚災害に指定されるような大規模災害も頻発化の傾向にある。災害が及ぼす影響は多岐にわたるが、被災による建物の崩壊とその後の復興によって地域の生活環境が大きく変容することが問題のひとつとして指摘される。それは街というものが単なる住む、働くといった生活のために必要な機能によって満たされた空間ではなく、地域社会の中で形成されてきた土地の使い方や人間同士の関係性、空間に対する認識などが複雑に作用しながら生活環境が構築された情緒的要素を含んだ場所性を獲得しているためである。このような意味に満ちた地域空間を失うことは長年暮らしてきた人々にとって喪失感を与えかねない。原発事故によって避難を余儀なくされた地域では「ふるさと喪失訴訟」が行われている[1]。請求内容には「被害者は、原発事故までに形成してきた人間関係を失い、それまで自己の人格を育んできた自然環境・文化環境を失った。『ふるさと』を失うことは回復不能な損害です」とある。これは原発事故によって回復困難となった地域社会に対する訴訟ではあるが、自然災害による被災地においても同様であり、復

興の進め方によっては復興後においてもふるさとを喪失したと感じる人も存在する。しかし、「ふるさと」を具体的に示すことは非常に難しく、住民の意識下にあるふるさとに対する質感を共有できる形で可視化することも困難である。

　一方、震災復興事業に取り組む人々の視点に立つと、今回の東日本大震災のような巨大な被害によって失なわれた場所では震災以前の状況を理解するためには写真や地図情報などによって被災前の地域社会を想像せざるを得ないため、住民内で共有されているふるさとの質感を理解することは容易ではない。このような観点から震災以前に形成していた「ふるさと」が示す具体的な事柄を理解・共有するための仕組みを構築することは重要な意味を有する。

2　ふるさとの記憶の見える化

　通常、地域を対象とした事業等を行う際にはフィールドワーク等を通じて、地域社会を構成する要素について分析を行うが、激甚災害のような巨大な被害を受けた場合においては参照すべき対象となる地域社会は大きな損害を受けているためフィールドワークによって得られる情報は限定される。このようなことから当時の様子を理解するために当時のことが記録された地図や写真、映像などを参照する他、CGや模型によって当時のまち並みや建築を復元することを通じて理解を深める例が見られる。しかし、空間情報や写真記録など断片的な情報では総体としてのふるさとを描き出すことはできないと考え、筆者らは被災前の街並みを模型で復元し、そこから想起される記憶を模型上に留める活動「失われた街」模型復元プロジェクトを立ち上げた。本プロジェクトは神戸大学槻橋研究室によって発案されたプロジェクトである。本プロジェクトでは、縮尺500分の1、1×1mをひとつの単位（1pixel）とした白模型を作成して現地に持参し、住民とのワークショップ（通称：記憶の街WS）においてふるさとの記憶に関する聞き取りを行いながら、模型の着彩やつくり込み、さらに「記憶の旗」

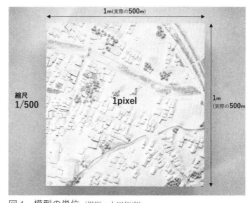

図1　模型の単位 (撮影：太田拓実)

と呼ぶ街の記憶を模型に挿入するという一連の作業を通じて、ふるさとの記憶の見える化に取り組んでいる（図1）。こうした活動を全国40ほどの建築・都市系大学研究室等と協働して行っており、これまでに約60地域、500pixel程度の模型を作成し、およそ20地域で展示などに活用されている（図2）。また本プロジェクトによって得られたふるさとの記憶は冊子や映像、朗読、ARなど多様な伝達方法へと展開

図2　記憶の街WSによる制作イメージ（撮影：上左・中右：藤井達也／上右：Jason Halayko／中左・下：大竹央祐）

170　　3章　将来に向けた持続的な減災の取り組み

図3　記憶を抽出した冊子　(撮影:大竹央祐)

図5　ARアプリの様子　(提供:渡邉英徳)

図4　朗読劇の様子

している（図3、4、5）。

● ふるさとの記憶を起点として現れた行為

　本プロジェクトは2011年6月に記憶の街WSを初めて行った。当時はまだ災害の傷跡が色濃く残っていたことから模型に対して住民がネガティブな感情を抱きかねないという不安があったが、気仙沼市役所の職員にプロジェクトの構想を話した際、模型であっても被災前の街に戻ることができるなら嬉しいと涙ながらにおっしゃっていただいたことから一定の意義が感じられた。実際に模型を持っていくと、遠巻きに模型を眺め何かを思い出している方、模型を見て溢れるように語り出す方など反応は様々だが自然と人が集まって来るような状況だった。また別日には、被災後に記憶が断片的に失われ、ほとんど言葉を発しない状況になっていた住民の方が模型を見た途端に表情が徐々に変わり、次々とふるさとの記憶を語り始めるという場面もあった。槻橋は「人々は空間に思い出を貯金している」と述べているが[2]、つまるところそれぞれの人生の断片を映し出す記憶がふるさとという地域空間内に刻まれているのである。こうした記憶が刻み込まれた地域空間が突如として失われ、瓦礫として早期に処理されていくという現実の中でふるさとに留めていた記憶を振り返り、整理する機会を持てずにいたのだと推察する。それは葬儀後に食事をしながら故人に対する思い出を皆で語り合いながら思い出を整理し、亡くなったという現実を受け止め、新たな日常へと移行するという行為に近似している。このような

ことから「ふるさとの記憶を模型上に留めていくという行為」はグリーフワーク（死別を経験した人が悲しみを癒やすための作業）的な側面を有していたのである。また被災前の街並みを復元した模型は強い求心性を有しており、多くの住民を引き寄せた。その結果、震災後は疎遠になっていた住民が再会する機会となる他、被災前は面識のなかった住民同士が街の思い出を肴に数時間語り合い始めるということも引き起こした。

生活の場が仮設住宅に移行し始めると、徐々に地域の復興ビジョンについての話し合いが行われるようになる。しかし、この頃すでに震災から半年が経過しており、被災前の面影は失われ、住民ですら以前の様子を具体的に思い出せなくなっていた。そのため、復興ビジョンについて話し合いを行う際には、起点となるふるさとを再確認するような形で模型が活用された。模型にはかつての地域の暮らしの様子が具体的に投影されているため、復興事業を請け負って訪れた企業らにとっては住民が語る言葉の根拠にもなり、理解を深めるのに役立った。気仙沼市唐桑町大沢地区では、住民集会を行う際には必ず模型を展示し、模型を眺めてから席に着くことが習慣化しており、議論が行き詰った際には模型を眺めながら進むべき方向性を探ることもあった。このように復興過程においては住民にとっては起点となるふるさとの記憶を振り返る媒体として、第三者にとっては当時の様子を想起させるための媒体として機能した。

震災から数年が経過すると、暮らしの記憶を伝えていく活動が増加していった。宮城県石巻市大川地区では、多くの犠牲者が出た小学校を震災遺構として「保存」するか「解体」するの議論が起きた際に「記憶の街WS」が開催された。悲しい思い出を想起させるモノであったが、「暮らしの記憶」を伝えたいという思いは住民内で共有されていたためである。他にも各地で伝承施設などが整備されていくため、展示内容を具体的に検討し始める時期となる。そこで、被災前の暮らしを伝える模型を展示したいという要望が多く寄せられた。伝承館では災害の教訓を伝えるために被災時の

図6　模型を囲んで集会する様子

様子を伝える情報が増加する傾向にあるが、もともとどのような地域が被災し、なにを失ったのかということを解像度高く示す媒体として機能している。

3　可視化されたふるさとの記憶は心理的・物理的な復興の支えになる

　本プロジェクトが有する意味については、「模型を通じてふるさとの記憶を復元していく行為が有する意味」と「ふるさとの記憶が見える化された模型が有する意味」に分けて考察したい。ふるさとの記憶を復元していく行為とは、ふるさとの中に刻まれた記憶の断片を丁寧に拾い上げ、整理しながら災害によって失ったという現実と折り合いをつけていく行為であり、新たな日常を生きるために必要な思い出を新たに残していく行為でもある。災害という突発的な出来事によって大きく環境の変化を強いられる状況下において、偲び、悼み、弔うための時間が必要であり、楽しかった日常が模型へと投影されていくということが肯定的に受け入れられたと考える。また思いを寄せる対象が疑似的な街であったことも大きく、それぞれがふるさとという総体としての街に対峙しつつも、それぞれが特に思いを寄せる場所を選択し、それぞれの向き合い方を可能にしたことが住民たちの模型への関心に対す求心力を高める要因になったと推察する。ふるさとの記憶が見える化された模型は、住民の意識内には存在し、共有されている情報が空間と紐づいて可視化されることで住民たちの思いを代弁する媒体となった。また、実物としてのふるさとが失われたことで住民の意識内からも失われゆくふるさとの記憶を模型が疑似的なふるさととして機能したのである。その結果、模型自体が人生の断片を投影した生きた証として描き出され、第三者に生きたふるさとを伝えると同時にそれらが震災によって失われたという事実を伝える媒体となった。

「失われた街」模型復元プロジェクトは、神戸大学の槻橋修教授が中心になり立ち上げたプロジェクトである。また、東北学院大学の磯村和樹助教には一般社団法人ふるさとの記憶ラボの代表理事として本活動の継続に尽力いただいた。本稿は神戸大学槻橋研究室の1期生としてプロジェクトの立ち上げに携わった筆者が代表して執筆しており、両名には執筆にあたって資料の提供および内容の確認・修正などにご協力いただいた。

参考文献
1)　生業訴訟原告団・弁護団ウェブサイト「ふるさと喪失訴訟の目的」
　　http://www.nariwaisoshou.jp/soshou/about/entry-99.html
2)　【建築家と建築模型】槻橋修 インタビュー『失われた街』模型復元プロジェクト #8
　　https://youtu.be/IUfNCd2oVRY?feature=shared

07 子ども復興計画から始まる地域づくり
ぼくとわたしの復興計画／宮城県東松島市赤井地区　　鈴木孝男

子ども復興計画について話し合っている様子

1　復興の主役となった小中学生による取り組み

　東日本大震災を受け、東松島市赤井地区自治協議会コミュニティ部会では、小中学生を対象に未来の地域の姿がどうあるべきか話し合い、子ども自ら「ぼくとわたしの復興計画」を考えるワークショップを行った。1年目は、子どもたちが地域の点検や住民へのヒアリングを行い、問題点を把握し赤井地区復興のためのアイデアを出し合った。公園に花や木を植えるなどたくさんのアイデアが出されたが、地域の子どもからお年寄りまで、みんなが喜べて、交流できる場をつくりたいと考え、地元の農産物を販売して住民が交流できる朝市を開催する計画を立てた。2年目は、子ども朝市「赤井の野菜をたべてけらいん市」を実現した。当日は大盛況で、多くの住民に喜んでもらったが、朝市の運営に課題が残ったため、他地域の朝市や生産者への視察を行ったり、ポップの作成や広報活動等を学んだりして、効果的な集客や販売の方法を探った。このように、地域の課題を把握し、解決するための計画を作成していく過程でまちづくり会社「あかいっこカンパニー」が生まれ、震災から十年以上経った現在も活動の基盤になっている。毎年開催される朝市には朝早くにもかかわらず多くの住民が足を運んでくれる。子どもらしい販売のかけ声に思わず

笑みがこぼれるような和やかな雰囲気に会場は包まれている。販売やレジといった役割を分担しシミュレーションを重ねたことにより、混雑時でもスムーズに対応できるようになった。また手の空いた売り場の子どもたちが他の売り場の応援に回るなどして協力し合い、毎年ほぼ完売する盛況ぶりとなっている。売れ残ったときは被災者が入居する災害公営住宅に出張販売するなど、諦めずに売り切ろうとする姿勢は印象に残った。子どもからお年寄りまでみんなの笑顔があふれる場が形づくられており、赤井地区の心の復興に大きく貢献している。

2 子ども朝市が軌道に乗るまでの3年間の軌跡

この取り組みが継続できている背景には、小学校5年生から高校生までの子どもたちの主体的な行動を導いていけるようにデザインされたプロセスがある。家族や世代を超えた新たな子どもと大人の関係を再構築し、地域のために主体的に貢献しようとする意識を持った未来の地域づくりの担い手を育てていくことを重視しており、実際にこの経験から得られた知見は多く、被災地に限らず多くの地域のまちづくりで参考になると考える。活動が軌道に乗るまでは試行錯誤の連続だったが、特に苦労した初動の3年間の活動に特化して現在に至るプロセスを紹介したい（図1）[1]。

図1　立ち上げ3年間のプログラム (出典：あかいっこカンパニー・赤井地区自治協議会『あかいっこカンパニー活動報告書』2015年)

● 1年目（2012年度）：未来のデザインを考える

　赤井地区の現状を知ることから始めようと、赤井の「人・歴史・生業（仕事）」を学ぶための「まち探検」を実施し、被災直後の避難所運営（体育館）、赤井の歴史（八幡神社）、消防団や被災農家の仕事について学んだ（図2）。併せて、震災当日、子どもたち自身の行動やそのときに思ったことや考えたことを白地図に書き込み、当時困ったことや避難時の経験を共有した上で、「10年後の赤井地区がこうなるといいな」についてみんなで意見を出し合った（図3）。また、東松島市では復興まちづくり計画が策定されていたので、市の担当者を招いて計画の主旨や方針などを学ぶことで、津波の被害を受けた住宅を再建するための「集団移転促進事業」や「災害公営住宅整備」とは何であるかということや、コミュニティの絆を重視した復興に向けたまちづくりのビジョンを共有することができた。そして、赤井地区の復興に自分たちでできることは何かについて話し合った結果、「花」「店」「高齢者」「公園」のキーワードに絞り込み、全国のまちづくり事例を参考にしながら子どもたちでできる具体的な計画として、地域の高齢者と交流する朝市「赤井の野菜たべてけらいん市」を企画・運営することを目的とする「ぼくとわたしの復興計画」をまとめた。地域に向き合うことから始まり、未来の暮らしをデザインすることまでが1年目の活動である。

● 2年目（2013年度）：計画の実践

　朝市の開催に向けて、いち早く復興した宮城県名取市の「ゆりあげ朝市」を視察し、具現化するためのイメージを高めた。品揃え、値段、量、売り方、声のかけ方、客層、会場の雰囲気、人が多い時間帯、のぼり、チラシのデザインなどを確認し、

図2　まち探検の様子

図3　話し合いの様子

朝市会場のレイアウト、販売品のラインナップや仕入れ方法、商品の価格設定や販売・集客方法などについて話し合った。また、朝市を実施する秋に収穫される野菜の種類や仕入れ方については、地元JAの職員から教わった。地元農家への仕入れ交渉や広報活動、看板やポップの作成も子どもらの手で行った。朝市の前日には、協力農家の畑で大根の収穫を手伝った（図4）。

　2013年11月、朝市の当日は、朝6時に会場に集合し、大人の協力を得ながらセッティングを行った。8時にスタートした朝市には、多くの住民が集まり、わずか30分で仕入れた野菜が完売となる大盛況だった（図5）。会場では宮城大学の学生によるフェイスペインティングや、子ども向けの日曜大工を体験できるブースが設けられ多くの子どもたちで賑わっていた。9時からは広場で餅つきを行い、打ち手を交代しながら300食の振る舞い餅が配られ、朝市は10時に終了した。子どもからお年寄りまでが笑顔に満ちた時間を共有した経験と、来場者アンケートに書かれた感謝や激励の内容を確認して、次年度以降も続けていくことになった。

● 3年目（2014年度）：活動の深化

　3年目は朝市を継続実施することを目的にスタートを切った。メンバーの卒業に伴い、新しいメンバーが加わったため、改めて地元の農家や青果市場を見学し知識を深めるところから取り組んだ。これまでは実行委員会の形式で行っていたが、組織をまちづくり会社にしたらどうかという話が持ち上がり、全社員が子どもで構成される「あかいっこカンパニー」（法人化していないまちづくり会社）を設立することになった。ロゴを作成し、社長をはじめ役員も決めた。プロの協力を得て全社員分の名刺をデザインし営業活動に生かした（図6）。名刺は学校の校長先生たちにも

図4　大根の収穫を手伝う （提供：赤井地区自治協議会）

図5　子ども朝市当日の様子

図6　ロゴの入った名刺（出典：あかいっこカンパニー・赤井地区自治協議会『あかいっこカンパニー活動報告書』2015年）

お渡しするなど、子どもたち自らがPR活動に意欲的に取り組んだ。さらに、地元JAの職員から、野菜の地産地消、食品の安全性について教わり知識を深めた。1回目と同様に、朝6時に会場に集合し、野菜を運び込み、陳列箱にきれいに野菜を並べ、8時にオープニングセレモニーがあり朝市がスタート。昨年に比べ、売り手と買い手が会話をする余裕も生まれ、世代間交流に力を入れようとする子どもたちの姿勢が見られた。野菜の販売だけでなく、地域の方がつくった竹馬や竹とんぼで楽しむ「昔遊びのコーナー」も多くの人で賑わった。地区内に新しく整備された災害公営住宅にも出張販売し、仕入れた野菜を完売することができた。

3　子どもの頃の地域の関わりづくりは未来に向けた人づくり

　大人たちが活動を支えていくにあたって一貫して心がけてきたことは、地域への愛着心を高めることと、活動を一過性のものとして終わらせることがないように、子どもらの自発性・主体性を尊重することに重視したことである。実験的な側面を持って始まった活動ではあったが、子どもたちが地域の現状に向き合い、自分たちは地域のために何ができるのかを「ぼくとわたしの復興計画」の作成を通じて考えたことから、地域に対する愛着心や帰属意識を育むことができたと実感している。子ども朝市に訪れ買い物をした高齢者の笑顔と感謝の気持ちが、子どもらに達成感と自信を与えたようだ。その結果、活動を開始して3年目には子どもたちの強い継続意思の現れとして、まちづくり会社「あかいっこカンパニー」が設立されたと考える。卒業したメンバーが顧問役としてサポート役を担ってくれる嬉しい出来事もあった。

この活動は注目を浴び、宮城県や東松島市が主催した生涯学習分野の催しで先進事例として紹介された。現地ではあかいっこカンパニーの社長らによるプレゼンテーションが行われ、参加した大人たちは感嘆したという。また、朝市の利益の一部を東松島市に寄付するという大人顔負けの行動も見られるようになった。2015年には「グッドデザイン賞（復興まちづくり部門）」[2] を受賞し、地域を知るための観察や探検、復興の現場の見学や人々の生活を見て、みんなが喜べて、交流できる場をつくりたいという想いに発展し「子ども朝市」を行うことに至ったことは、子どもたち自身はもちろん、サポートした地元自治協議会、地域住民にとって、未来に向かうかけがえのない希望が生まれたことが最大の成果であることが評価された。

家族単位が小さくなっている現代社会においては、家族内だけで地域の暮らし方や伝統文化等を継承することが難しくなっており、地元の魅力や歴史的な成り立ちを知らない子どもたちが増えている。その結果、大人になっても地域への愛着心や帰属意識、世代を超えた人間関係を育むことができずに地域活動への参加意識が芽生えないことが、担い手が減少している要因になっている。同時に、多くの地域が過度に高齢者に依存した地域自治の体制になっており、若い世代との関係性の分断が、普段の地域自治のみならず震災の対応にも影響をもたらしている。

一方で、子どもたちは日々、部活動、塾、学校行事に忙しくしており、学年を超えて同じ日にち・時間帯に集まることが、いかに難しいことか痛感された。このような困難を乗り越えて、日常的に子どもたちが地域づくりに参加できる社会システムに変えていかなれば、歴史文化の継承のみならず、人口減少・高齢化社会の中で災害に対するしなやかさを損なうことになるだろう。子どもらが地域と繋がりを持てる日常的な機会を、あらためて現代社会の中で再生していかなければいけない。

参考文献

1) あかいっこカンパニー・赤井地区自治協議会『あかいっこカンパニー活動報告書』2015年
2) グッドデザイン賞2015 復興まちづくり部門『地域づくりの次世代の育成による新たな絆の復興［ぼくとわたしの復興計画の作成とこども朝市の実践］』2015年

08 絵地図づくりを通した郷土愛の醸成
あこう絵マップコンクール／兵庫県赤穂市

江端木環

あこう絵マップコンクール公開審査会で参加者が審査員や観客を前にプレゼンする様子

1　地域への愛着と関心が災害への備えになる

　近年、全国各地で地震や豪雨などの災害が発生している。気候変動の影響もあり、過去に災害の経験がない地域においても災害が起こりうることが考えられる。

　いつくるかわからない災害に向けて、安心・安全という観点だけでなく、地域への愛着や関心、まちづくり意識を高めておくこと、また災害が起きた際に復興の拠り所や糸口となるような大切な場所やアイデンティティなど、地域としての共通認識を持っておくことは、地域の持続性と防災・復興まちづくりという両面から重要なのではないだろうか。

　ここでは、地域への愛着や関心に繋がり、自らの興味・関心から主体的に地域に関わるまちづくりの取り組みとして「絵地図づくり」を取り上げる。なかでも市民主体で20年間継続され、2022年で惜しまれつつ終了した「あこう絵マップコンクール」というまちづくり活動に着目し、子どもの地図づくりを通した学びや、コンクールの運営の仕組みとその波及性から、絵地図づくりを通したまちづくり意識の育成と地域力への展開について考えたい。

2　子ども視点でまちを見直す「あこう絵マップコンクール」

　兵庫県赤穂市は、兵庫県南西部の瀬戸内海沿岸に位置し、中心には千種川が流れている人口約 4.4 万人のまちである。「忠臣蔵」として語り継がれる赤穂義士[注1]のふるさととして知られている。ここに、絵地図づくりを通じて子どもの地域への郷土愛やまちづくり意識向上を目的とした「あこう絵マップコンクール」という取り組みがある。「絵マップ」とは、子どもが自分のまちを調査し、発見したことや魅力を地図や絵で表現した絵地図のことで、絵地図には赤穂の好きな場所や秘密の場所、お祭りなど、子どもたちが調べたり発見したことが生き生きと描かれている。

　2003 年に始まり、20 回目となる 2022 年度までに 1327 作品が集まり、応募者総数は 2451 人となった。本コンクールは、市内にある関西福祉大学附属地域センター主催の女性リーダーシップセミナーで学んだ女性たちが、1998 年に世田谷区で始まった絵地図のコンクールを参考にして始めたものである。第 2 回からは市民有志による実行委員会が結成され、市内の主婦・会社員・商店主・大学生など 10 代から 80 代までの約 20 名で運営が行われてきた。地元企業の協賛や寄付などで資金面は賄われ、地元の大学には学生ボランティアの参加や会場提供など、市民・企業・大学等の協力を得ながら、地道に継続してきた。

　このコンクールの特徴は「公開審査会」である。審査会では、応募児童が審査員、保護者、市民の前で自分の作品について 1 分間のプレゼンテーションを行い、審査員との質疑応答をする（図1）。絵マップをつくるために、どれだけまちを歩き、自分で考えたかを聞かれ、まちに対する子どもらしい視点や発想のおもしろさ、作品づくりについての創意工夫や熱意などが総合的に判断される。毎年応募する児童も出てきたため、第 5 回からは 5 年以上応募した人は全員受賞する「5 年連続応募賞」が設けられ継続的なコンクールへの参加を評価していることも特徴だ。20 回目（2022 年）までに計 43 人・35 グループが受賞している。

図1　公開審査の様子（提供：あこう絵マップコンクール実行委員会）

中には賞を狙って公開審査会で他の参加者の作品の研究を行う参加者や制作に半年以上かける熱心な参加者もいた。

3　地図制作を通した子どもの「学び」

　絵地図制作を通じて子どもたちは、フィールドワークや聞き取りなどを通じ、自分の住むまちの仕組みや住民の存在などについて、多様な「学び」を得ている。テーマは様々だが、傾向として幼稚園生や小学校低学年では、身近な生き物、公園、お店など日常生活の中で発見したもの、学年が上がっていくにつれて、伝統、歴史文化、社会問題、防災・災害など地域や社会的なテーマの作品が見られる。ここでは、5年間継続的に絵マップ制作に取り組んだ1グループ（姉妹）に注目し、3つの作品を紹介したい。

●作品1：こうえんへGO！／小2・小4（1年目）

　1つ目の作品は、公園をテーマにした作品である（図2）。作者の子どもたちは、公園で遊ぶのが好きだから知らない公園を知りたい、ということをきっかけとしてテーマを選び、市内南部の公園（14ヵ所）の立地を調べ、各公園に行き遊具の種類や遊び方などそれぞれの特徴を調べ表現している。また市役所への聞き取りを通して「防災公園」の存在を知り、実際に「かまどベンチ」や「マンホールトイレ」などの

図2　「公園」をテーマにした作品（提供：あこう絵マップコンクール実行委員会）

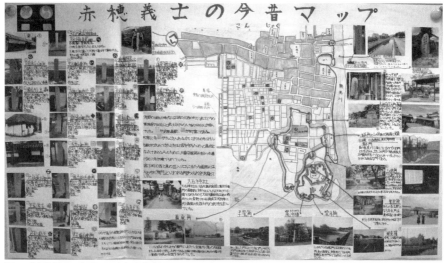

図3 「赤穂義士」をテーマにした作品（出典：あこう絵マップコンクール実行委員会）

災害時に利用できる設備に触れ公園の遊ぶ以外の役割も学んでいた。

●作品2：赤穂義士の今昔マップ／小4・小6（3年目）

　2つ目は「赤穂義士」をテーマにした作品である（図3）。作者の校区には赤穂城があり、学校全体で「義士教育」に盛んに取り組んでいることをきっかけとしてテーマを選び、校区内にある城下町エリアを対象として、元禄期の街区や町割り（城、屋敷地、町屋地、寺院）など当時の地域構造を表現した上で、赤穂義士に関連する史跡として赤穂城や門（12ヵ所）、赤穂浪士屋敷跡に立つ石碑（21ヵ所）の分布を示した。また赤穂浪士の家紋や当時の年齢、エピソードを詳細に調べ表現している。さらに古写真や古地図から今と昔を比較して、河川の規模の変化や城下町の棲み分けなど、まちの構造の変化への気づきを記述している。調査の中では、民俗資料館や市役所、図書館や神社の宮司などに聞き取りを行っており、様々な人々との関わりを通して赤穂義士に対する想いに触れ、人々の忠臣蔵に対する誇りを受け継ぐべき大切な文化や想いとして受け取っているようだった。

●作品3：未来へ残そう！ 赤穂の獅子舞／小5（4年目）

　3つ目の作品は、祭りをテーマにした作品である（図4）。作者は地元の獅子（獅子舞）保存会に所属しており、他地域の祭りについても知りたいと思ったことがテーマ選びのきっかけとなったそうだ。市内で獅子舞が行われるすべての神社の立地

図4 「祭り」をテーマにした作品（出典：あこう絵マップコンクール実行委員会）

(27ヵ所)を地図上に表現し、各祭りの内容を写真や凡例を使って表している。所属する獅子保存会、市史編纂室や神社の宮司への聞き取りなどを通じて、現存する獅子舞にも衰退・復活・継承などの歴史背景があることを学んでいる。

特に獅子保存会の方の「次世代へ継承したい」という想いに触れ、獅子舞を受け継ぐべき大切な文化として受け止めていた。アンケートでは「この絵マップを通して地域のどんなところが好きになったか」という質問に対して『地域の人々が代々受け継いで残ってきたこと』『獅子舞の練習を通して地域の仲がよくなっていること』と答えており、伝統文化の継承や祭りを通した地域コミュニティの存在を肯定的に捉えていることがわかる。

●調べ、表現することが当事者意識を芽生えさせる

東日本大震災では、郷土芸能や祭りが復興の原動力となったと言われている。被災し地域を離れて住むことを余儀なくされたが祭りのためにふるさとに帰ってくる人や、祭りを通して地域・コミュニティの絆が深まったなどの事例からも、伝統文化・祭りを未来に継承すべきと当事者意識を持つことは、地域らしさを継承していく上でとても重要な萌芽と言えるだろう。

子どもたちは絵地図制作を通して自身の興味・関心から、地域の歴史・文化や社会の仕組み、伝統文化とそれを継承してきた人々などに触れることで、身近な環境としての地域の姿とその背景にあるものを理解していることがわかってきた。絵地図には、まちの大切な場所や精神など、赤穂のアイデンティティとして未来に受け継ぐべきまちの姿が子どもたちによって描かれている。また、これらの経験はまちへの愛着や郷土愛、当事者意識の醸成などのまちづくり意識に繋がっているのではないだろうか。

4 「学び」を共有する仕組み

制作のプロセスに注目すると、両親や祖父母との共同制作や地域の人々への聞き取りなど、多様な施設や人・コミュニティとの関わりが見られた。また、公開審査会を通して他の参加者の作品やプレゼンテーションの創意工夫などを目にすることで、来年のテーマ選びや作品づくりの参考にするなど、互いに学び合い、影響し合う様子も見られた。集まった作品は駅や市立図書館、市民病院、祭りなどで展示される。子どもたちの絵マップは、誰にでもわかりやすく市民も知っている場所も多いので、たくさんの人が立ち止まって熱心に見てくれるそうだ。

このように公開審査会や作品展示会などは絵マップとして可視化された子どもらしい視点や発想を含む「学び」が、他者（大人や子ども）に共有される仕組みであり、大人たちに新たな視点やまちを再認識するきっかけを与えてくれるものである。

5 「地域力」への展開と継続性というしなやかさ

あこう絵マップコンクールは、実行委員の世代交代ができなかったことを主な理由として20周年を節目として2022年に終了した。しかし、20年という蓄積の中でたくさんの子どもたちが赤穂を題材として絵マップを描いてきた。そこには子どもの捉える地域の姿の集積がある。今後それらを絵地図に描きなおしたり手引きとしてまとめたりなど、見える化することはまちづくりあるいは災害後の復興を考えるための重要な糸口となるのではないだろうか。また、長年の取り組みを経て初期の応募者は社会人となり、中には市役所職員やまちづくりを専攻する大学生、当該コンクールの実行委員会の一員になった参加者もいる。絵マップへの参加が、その後の地域に対する想いや関わり方に影響しているひとつの事例である。

絵マップを通して共有化されてきた地域に対する「学び」、さらにそのプロセスで育まれた地域に対する想いやまちづくり意識は、今後のまちづくりや社会変化、災害などの困難に対して、しなやかな「地域力」として、地域を支えていくのではないだろうか。

注
注 1) 赤穂浪士とは「忠臣蔵」として語り継がれる藩主の仇を討った旧赤穂藩士 47 名のことである。赤穂市では史実を正しく理解し郷土愛を育てようと小中学生を対象にした独自のカリキュラム「義士教育」が行われている。

09 次世代に思いを繋ぐ若者の語り部活動

語り部活動／宮城県気仙沼市

友渕貴之

語り部活動の様子

1 災害の記憶を語り継ぐことの重要性

　災害大国と呼ばれる日本は古くより様々な自然災害による被害を経験してきた。災害の記憶を伝える手段として、石碑、追悼施設、伝承施設、文献、祭事、デジタルアーカイブなど多岐にわたる。また近年は自然災害による被害が多くなっていることの影響から2019年度には「自然災害伝承碑」を示す地図記号が制定され、同年9月1日に国土地理院による2万5千分の1地形図に掲載されるようになった[1]。災害常襲地域と呼ばれる地域においては、度重なる被災経験から得られる知恵や技術が構築されている例が確認される一方、災害の頻度が少ない地域や流動性の高い市街地などにおいては知恵や技術を地域内で継承しづらいのが実情である。また近代以降、行政を中心としたハード整備による防災対策が進められたがゆえに、防災・減災に対する意識は住民の中でも薄れつつあった。しかし、岩手県宮古市田老町のように「スーパー堤防」とも称される巨大防潮堤を整備してもなお、東日本大震災では津波が巨大防潮堤を超え、多数の犠牲者を出すこととなった。要因のひとつとして、巨大防潮堤の存在が住民に過度な安心感を生み出したと指摘されている[2]。他にも、東日本大震災からの復興においては津波想定シミュレーションをもとに防

潮堤高さや移転地を選定したにもかかわらず、近年津波想定シミュレーションの見直しが生じ、移転地が浸水想定地となった例も存在する[3]。これらの例を踏まえるとハード整備に頼った防災手法では地域の安全性を完全に担保することはできないと考えるべきであり、災害に対する住民の対応能力の向上が重要になる。しかしそれは、数百年から千年に一度ではあるが確かに起こり得る甚大な災害に対して備えることであり、被災経験のない人々へと知恵や技術を継承するということである。災害の記憶を継承する方法は多岐にわたるが、佐藤氏の報告[4]によれば災害を経験した本人の語りを聞いた場合が最も話の内容を記憶しているとしつつも、本人の語りを身近で聞き続けてきた支援者の語りが2番目に高く、本人の語りの映像、その音声、その文字の順に記憶の定着に有意差が生じたとし、人による語りが記憶の継承に効果があることを示唆している。

● 記憶継承のための施設と方法

　語り部人材をどのように育成していくのかという点については課題が山積しており、福島民友新聞によると東日本大震災・原子力災害伝承館の語り部登録者29名のうち、約8割が60～70代であり、若い世代の担い手が不足していると記述されている[5]。河北新報においても語り部の高齢化に対する危機意識が記述されている[6]ことからも語り部を育成することの難しさが読み取れる。

　災害に関する教訓を体系的に継承するための場所として、博物館や資料館、伝承館等の施設は日本各地に存在する。しかし、国連総会によって制定された世界津波の日（11月5日）の由来となった和歌山県広川町を襲った安政南海地震（1854年11月5日）の記憶を継承する「稲村の火の館」を始め、火山噴火の教訓を伝える「洞爺湖町火山科学館」（北海道）や地震の教訓を伝える「人と防災未来センター」（兵庫県）、土砂災害による教訓を伝える「豪雨災害伝承館」（広島県）など様々な施設が整備されているにもかかわらず、これらの伝承施設を一覧できる環境が構築されていない。一方、東日本大震災の被災地では多数の伝承施設が整備されたこともあってか、東日本大震災に関する伝承施設については一覧できる環境が構築されている。一般社団法人3.11伝承ロード推進機構によると、317件の震災伝承施設が登録されている（2023年1月31日時点）[7]。このような観点からも自然災害の教訓を伝承する行為を体系的に整理し、広く共有していくための仕組みづくりは始まったばかりと言える。

●記憶が継承される仕組み

　また、記憶というものがどのように世代を超えて伝わるのかについて考えたい。主として、個人間の語りかけによって生じる記憶とモノや空間構成など、多様な媒体物を通して形成される記憶があるとされる。想起文化論の領域においては前者を「コミュニケーション的記憶」、後者を「文化的記憶」と区別している[8)9)]。災害伝承館は各種資料や体験を通じて災害の記憶を伝える性質であるため「文化的記憶」に該当し、語り部などによって人から人へと教訓を伝えていく行為は「コミュニケーション的記憶」に位置づけられる。災害に関する教訓を伝える多くの施設は基本的にモノや空間構成等によって伝えることを主とし、その中で体験型資料や映像資料など来場者の身体に働きかける方法を組み込むなどの工夫が行われてきた。加えて、近年の被災地では語り部による災害伝承や被災建造物を活用した伝承なども見られるようになった。例えば、宮城県山元町にある「震災遺構中浜小学校」や「気仙沼市東日本大震災遺構・伝承館」では被災建造物の中に身を置くことができる仕組みにしているため、没入感を高めることに成功している。このように災害伝承の現場では、文化的記憶とコミュニケーション的記憶を組み合わせることで、世代を超えた記憶の継承を目指し、探求している。しかし、災害伝承における課題は、これらの記憶を単なる過去の出来事として消費させずに、自らの意識や行動変容を促すことで一人ひとりの災害対応力を高める点にある。気仙沼における若者の語り部は自らが体験していない出来事を他者に伝える活動を行っており、世代を超えて継承していくための方法として目指すべき事例のひとつと言える。

2　若者（中高生）による語り部活動

　宮城県気仙沼市は明治三陸地震津波、昭和三陸地震津波、チリ地震津波等の津波災害を経験してきたが、2011 年 3 月 11 日の東日本大震災によって甚大な被害を受けた。これらの経験から、気仙沼市では震災以前より運営されるリアスアーク美術館、そして震災後に整備された気仙沼市東日本大震災遺構・伝承館（2019 年 3 月開館）、気仙沼市復興祈念公園（2021 年 3 月開園）によって、災害の教訓を伝える環境を整えた。また、市民による語り部活動のひとつとして、けせんぬま震災伝承ネットワークが任意団体として、大人と中高生の混成団体として語り部活動を行っている。中高生の語り部活動が行われるようになった経緯は、伝承館の近くに位置する気仙

沼市立階上中学校による語り部活動が始まったことに端を発し、気仙沼向洋高校でも時を近くして部活動が発足したことに由来する。階上中学校では 2005 年より総合的な学習時間を利用して「自助」「共助」「公助」についての学習が行われており、震災後も内容を変えながらも継続していた 10)。そのため、近くに伝承館が整備されたことから語り部に挑戦したいと名乗りを上げる学生が現れた。そこで、災害を自らの言葉で伝えることは国語教育の一環であると位置づけ、全学生が語り部活動を体験する機会を整えたのである。向洋高校では、2020 年 6 月に学生有志によって「向洋語り部クラブ」を発足した。本クラブは正式な部活動ではなく兼部組織ではあるものの、現在は 11 名が参加している（2023 年 10 月 8 日時点）。また、中学を卒業した学生が高校でも活動を継続する例も見られ、現在は 2 つの中学校、4 つの高校の学生が本伝承館にて語り部活動を行っている (2023 年 10 月 8 日時点)。中学生は 10 名程度、高校生は 15 〜 20 名程度が語り部として参加しており、月に一度ほど、伝承館を訪れた来館者に対して語り部活動を行っている。話す内容については要点を押さえた簡単な台本は存在するが、語り部が各々調査学習を通じて、自分の言葉で話せるように内容を組み立てている。例えば、階上中学校から参加する学生は学校の授業内で行われる探求学習の時間を用いて災害について調べたことを組み込むなど、授業を有効に活用しながら語り部活動に繋げている。このように語り部活動を単なる課外活動として学校教育と分離するのではなく、地域特性を活かした学びの一環として学校での学びと連動させる体系が構築されているのは被災地ならではの教育方法であり、若い世代へと継承していくひとつの有効な方法である。現在は語り部活動が始まった頃と比べると学生の数は減少傾向にあるが、災害に関心を持つ学生は一定数存在する。そのため、伝承館における語り部活動は災害に関心を持った学生たちが学年や学校の垣根を超えた交流を可能とし、関心の近い仲間ができることによって学生たちが災害に関する関心を維持・向上させる場となっている。

●語り部活動に関わる若者の実態

　語り部活動を行う若者について、具体的な話を記述したい。インタビューを行ったのは中学 2 年の学生である。災害に関心を持ったきっかけは小学校低学年の頃に家で津波の映像を見た際に津波災害の怖さを感じたことが大きいという。また彼の祖父や兄が伝承館で語り部活動を行っていたこともあり、家庭内で災害のことについて話す機会も多かった。そのため、災害に関する関心を抱き続け、中学生になっ

たら自分も語り部の活動に参加したいと考えるようになった。活動に参加した当初は人前で話をするのが苦手だったが、初めて映像で見て感じた災害の怖さを自分も含めてみんなが忘れないようにしたいとの思いが強かった。災害の怖さを忘れないことは命の安全に繋がると考えており、避難のことや災害による悲しみに触れる機会をつくることが災害について考える機会になると考えている。

　震災遺構でもある本伝承館では、震災当時のまま残している部分も多く、活動を通じて津波の威力を再確認することがある。例えば、校舎の3階に車が流れ込んできたことや校舎の上部が欠けているところなどは、津波の威力を想像させる（図1、2）。語り部活動については参加して数回ほどは先輩方について勉強をしたが、その後は独り立ちすることとなる。始めは緊張することもあったが、話す内容を自分で考えて家で練習し、実際に語り部として話すという行為を繰り返すことによって、人前で話すことに対する苦手意識はなくなった。また、自分が考えて話す内容に対して、話を聞いてくれる方々がうなずいてくれることがやりがいになっている。一方、災害のことを話し合える同じ学校の友人は少なく、何度か友人を語り部活動に勧誘したが、誘いには乗ってくれないという。しかし、伝承館には学校や学年を超えて、災害に対する関心を持った学生が参加しているので、仲間がいることの楽しさを感じている。

　語り部の活動では災害の怖さを伝えているが、海が嫌いとは思っていない。むしろ海が見える風景や海で獲れる魚、海で遊ぶことが好きで、気仙沼という街が好き

図1　車が校舎に流れ込んだ様子

図2　校舎の上部が欠けている

なのだという。だからこそ、海がもたらす脅威を理解する必要があると考えており、高校生になってもこの活動を続けたいとのことである。

インタビューを終えた後に、隣にいた高校生の語り部にも話を聞いてみると、語り部活動が始まった当初は語り部に参加する学生の数がもっと多かったことや高校では部活動の一環として学校内で語り部の練習をしていると話してくれたが、横で聞いていた中学生の語り部はうらやましげに気持ちを高ぶらせていたことが印象に残っている。やはり若者にとって自分が大事にする思いを分かち合える同士が多いのは嬉しいことである。伝承館は災害に関心のある若者が集い、共に活動できる場があることは災害に対する記憶を繋げていきたいと願う彼ら彼女らの思いを後押しする場となっている。

参考文献

1) 国土交通省国土地理院「自然災害伝承碑の取組（代表事例）」
https://www.gsi.go.jp/bousaichiri/denshouhi_ex.html（2022 年 1 月 18 日最終閲覧）

2) 寅貝和男「東日本大震災からの復興にかける被災都市：田老町（宮古市）スーパー防潮堤からの教訓を学ぶ」『地理』57(11)、2012 年、pp.103-111

3) 宮城県「津波浸水想定【解説】」2022 年

4) 佐藤翔輔「科学的エビデンスにもとづいて『災害を語る』意味と効果を考える」『デジタルアーカイブ学会誌』5(4)、2021 年、pp.222-226

5) 福島民友新聞「県内の語り部、進む高齢化 伝承館では登録者の 8 割が 60 〜 70 代」2020 年 11 月 4 日
https://www.minyu-net.com/news/sinsai/sinsai10/news/FM20201104-554202.php

6) 河北新報「震災の語り部、高齢化に危機感『民間だけでは限界』国の支援求める声」2021 年 10 月 25 日
https://kahoku.news/articles/20211025khn000012.html

7) 一般社団法人 3.11 伝承ロード推進機構「『震災伝承施設』の登録状況（各県分類別）」2023 年 1 月 31 日
http://www.thr.mlit.go.jp/shinsaidensho/ichiran211024.pdf（2023 年 10 月 13 日最終閲覧）

8) アライダ・アスマン『想起の空間：文化的記憶の形態と変遷』水声社、2007 年

9) アライダ・アスマン『記憶の中の歴史：個人的経験から公的演出へ』松籟社、2011 年

10) 佐藤翔輔「中学生が行う被災体験の聞き取り学習に関する分析：階上中学校における東日本大震災を対象にした災害伝承の学習事例」『地域安全学会論文集』37(0)、2020 年、pp.79-87

終章
減災の社会実装に向けて

友渕貴之・菊池義浩

1 「防災」ではなく「減災」である理由　菊池義浩・友渕貴之

　本書では「防災」ではなく「減災」をメインテーマに据えている。この2つの言葉の違いについてあまり気にせずに読み進めた読者もいるかもしれないが、筆者らはこの「減災」に大きな意義を見出している。「減災」は被害が出ることを前提にした考え方であるためネガティブに受け取られがちだが、あえて"災害を完全に防ぐ"ことを目指さない方が（もちろんそれが必要な場合もあるが大局的には）現実的には有効であると考えているのである。

　本書では、筆者らがこれまで調査してきた事例からこれから役立つ減災の手法を考えるため、古くより蓄積されてきた知識や技術から比較的近年の被災経験から見えてきた知見や技術まで、多様な事例を現代の視点で捉え直して紹介してきた。書籍執筆のために改めて事例を整理してみると、自然災害に直接立ち向かう手段だけではなく、災害によって失った地域の記憶や災害で得た知識や経験を次世代へと紡いでいくための取り組み、被災が予想される地域における災害への向き合い方など、自然災害と対峙しながら地域の風景や暮らし、コミュニティを紡ぎ、住み続けていくための多様な取り組みがあることに改めて気づかされた。また、各取り組みの主体は行政や民間、住民自身であったり幅広く、建築・環境・土木・文化・生業などの諸要素が組み合わさって成立しているため、できるだけ専門分野にこだわらず複眼的に捉えることによって「この地域に住み続ける」ためのヒントを見出したつもりだ。

　例えば1章で主に紹介したように、かつての日本では災害を生活から切り離し遠ざけようとするのではなく、むしろ地域住民が自然外力に対する理解を深め、しなやかに付き合う手法を探求した結果、多様な設えや文化を生み出してきた。それは、

先人たちの知恵に学びつつ現代の知識・技術を取り入れ、そのときの地域もしくは共同体の合理性を規範とする仕組みとして適宜アップデートしてきたという意味で、柔軟性があり、多様な地域特性に応じてかたちづくることができる手法とも言えるものであった。

2章では、どちらかと言えば自然との関係性よりも、被災した住民同士、時には支援者など、人と人との関わり合いの中で大災害から力強く立ち上がった各地の事例を紹介した。気仙沼市大沢地区（p.58）では大きな家屋被害を免れた住宅で、南三陸町（p.64）では陸の孤島と化した避難所で、避難者同士が相互に助け合いながら何とか生活を維持していく様子が見られた。那智勝浦町（p.70）では被災直後の避難場所として宿泊施設を利用することやペット連れの避難の具体例が示された。また海外の事例ではあるがインドネシア・ジョグジャカルタ（p.76）のPOSKOは被災時に住民が互いに助け合うための拠点かつアイコンとして日本での応用可能性が期待された。仙台市三本塚地区（p.88）や釜石市箱崎地区（p.94）大槌町吉里吉里地区（p.100）では被災後から住民同士が集まり意識を共有することの重要性が証明された。この他の、被災経験を踏まえ空間的な側面から平時のまちづくりに繋げている事例も含め、自助・共助・公助が機能した様々な方法が示された。

3章では、地域の災害の歴史や他地域での災害経験を踏まえ、この地域に住み続けるための様々な取り組みを紹介した。女川町の「獅子振り」（p.150）広川町の「津浪祭」（p.156）豊岡市田結地区の「千度参り」（p.162）では伝統行事に組み込まれた減災の知恵が今もなお有効に働く事実が改めて明るみになった。また「失われた街」模型復元プロジェクト（p.168）は災害によって失ったことを模型という物質的なものに反映させることで目に見えない個人の情緒的・概念的な記憶が共有できる革新的な仕組みであったし、「ぼくとわたしの復興計画」（p.174）「あこう絵マップコンクール」（p.180）気仙沼市の中高生による語り部活動（p.186）は発災時は幼かったり、そもそも災害未経験の若者たちが災害の記憶を繋ぎ、地域の未来を描いていく力強い姿が示された。

これらの事例に共通して言えることは、被災の過去や将来の可能性を真正面から受け止め、その上で暮らし続ける選択をし、行動しているということだ。この様子が逞しく前向きに感じられるのは、行政や住民がこれまでに集積された知識や経験を踏まえた、地に足の着いたビジョンを描いているからに他ならない。

少子・高齢化および災害多発の時代にあり、これまでとは異なる新たな思考の枠組みに基づく計画論と実践方法の構築が求められる今、本書で取り上げた事例はこの先の地域づくりに取り組む、発想の起点を示してくれている。

2 変わりゆく復興のあり方 友渕貴之

さて、ここで本文では書けなかった災害復興の考え方の変化を振り返り、現在の課題を整理したい。

●阪神・淡路大震災（1995年）

近年の災害を語る上で起点になるのは阪神・淡路大震災（1995年）だろう。筆者は生まれが和歌山県であるため、阪神・淡路大震災のことはもちろん知ってはいたが、発災当時は小学1年生ということもあり、災害やそれによる被害の大きさをあまり理解できてはいなかった。そのため2007年に大学進学を機に神戸に移り住んだときも、被災地というよりも都会に来た！という期待感が強かった。それは、一見して神戸の街に被災の痕跡を感じなかったことも大きく関係している。阪神・淡路大震災が起きた90年代前半はまだ日本の人口が増加傾向にある成長時代であったため、震災復興事業は兵庫県が提唱した「創造的復興」というスローガンのもと、都市としての発展を目指すことが大きな方針として進められてきた。しかしこうしたハード優先の整備が後に、従前のコミュニティを維持できずに孤立した住民の存在などを浮き彫りにし、その後の災害復興分野の大きな論点となった。

●東日本大震災（2011年）

日本の人口は2008年をピークに2011年から減少へ転じている。また単身世帯の割合は、1995年の25.6％から2010年には32.4％まで上昇し[1]、「無縁社会」[2]という言葉が現れ、日常生活における孤立に焦点が当たり始めた。人口が減少し、経済成長も見込めず、人と人の繋がりを築くことも困難な寂しい時代へと向かっていくという漠然とした不安感が、徐々に社会に漂い始めていたように感じる。このような時期に東日本大震災が起こった。これまで見たことのない巨大津波が街のすべてを押し流し、津波の中で燃え、壊れていく車や建物の映像がリアルタイムで放送され、日本国民全体に、世界に大きな衝撃を与えた。すぐに筆者を含めた多くのボランティアが駆けつけ支援にあたったが、その過程で地域の豊かさと人同士の繋がりの強さ、ふるさとへの思いを強く感じた人は多かったと感じる。一方で、主な被災

地となった東北沿岸部（リアス式海岸の複雑な地形が大小いくつもの浜と多様な地域社会を形成していた）では、これまで海の近くで海と共に生きてきた人々が、これからも海の近くに住み続けるのか、それとも海を離れて暮らすのか、住民の中でも様々な思いが錯綜していたが、国は居住地を高台に移し海と陸の間に巨大堤防を建設する方針を掲げた。このとき、阪神・淡路大震災では世間的に見過ごされた、ふるさとの景観が失われることや従前の暮らしからかけ離れることに対する住民の不満が国との対立という形で表面化した例も散見され、専門家を超えて広く一般的に知られることとなった。

　当時あの津波の凄まじさを目の当たりにした人間からすれば、国がこのような守りの姿勢になることを理解できる部分もあるが、長い年月をかけて成立させてきた地域の構造を理解せずに力づくで変容させれば地域の持続性が危ぶまれるのは当然であり、何よりも豊かな地域性への敬意が欠けている。2014年には日本創世会議による報告書（通称：増田レポート）が「消滅可能性都市」を示し、改めて我々に日本の人口減少と縮小社会の現実を突きつけた。これを機に、成長を目指した復興ではなく成熟を目指した復興の重要性を認識する人が増え、同時に地域を大きく変容させるほどの大規模な土木事業の有効性についての疑問が改めて浮上した。2021年には土木学会減災アセスメント小委員会の「津波に対する海岸保全施設整備計画のための技術ガイドライン」において、東日本大震災以前は海岸堤防の高さの決定にあたり災害をもたらすハザードについて原則は全国一律の安全性を求める手法を用いていたが、ハード対策に加えて避難体制の構築やまちづくりを進めながら安全性能を付与する方法を検討することで災害時の安全性と平常時の地域振興の側面から調整を行う必要があると述べている[3]。つまり、この頃より減災による暮らしの構築を行う必要性が広く認識されるようになったといえる。

●能登半島地震（2024年）

　16年の間に起きた2つの大災害の経験から、災害復興における"安全"を確保するための技術的な介入が主軸となることの危うさと、そこに暮らす人の社会関係や意識を計画に組み込む重要性や難しさ、そして今後縮小していく社会において復興事業そのものの規模をどのように考えるべきかという未だ答えの出ない課題が残され、次の災害が起きる前に、と様々な調査と実践が取り組まれているさなか、能登半島地震（2024年）が起きた。先述した3つの大きな課題はさらに具体的な形で、

能登の復興における大きな懸念点として表出している。能登半島地震では、地面が数mも隆起したことでインフラが広範囲にわたって破壊された。道路形状のみならず、海底が隆起して船が出せなくなった港が複数あり、地盤に対する信頼が大きく揺らいでいる。これらを震災以前のように復旧するとなると大規模な土木工事が行われることとなるが、人口減少と少子高齢化の著しい地域が多いことから、2024年8月時点で国は東日本大震災ほど大胆な復旧復興事業に踏み切れていない。

　1995年から30年弱で日本の復興をめぐる状況は大きく変化した。本書でも紹介したように、国や行政に地域の復興のすべてを託すのではなく、住民が主体的に地域の未来を考え行動に移し、これまで以上に良い未来を切り開いた事例が多数ある。様々な主体が立場関係なく自らの暮らす地域を良くしていこうとする能動的共同体となっていくことで、かつての集落や成長時代にも見られなかった、新しい豊かな地域像が描かれるはずである。今まさに復興計画を進めている能登でもまた、今後の災害復興を考える上で大きな転換点になり得る取り組みがなされるだろう。

3　建築系農村計画における動きと論点の現在地　菊池義浩

　最後に、こうした状況で筆者ら建築系農村計画の研究者がどう動いているか、そして具体的にはどんな論点があるのかを共有したい。

　本書は、日本建築学会農村計画委員会の減災集落計画小委員会のメンバーが中心となり、研究者だけではなく自治体の職員やまちづくり・災害現地で活躍するすべての人に広く読んでもらうために構成を検討しながら執筆している。減災集落計画小委員会は、新潟県中越地震（2004年）の翌年に設置された特別研究委員会を直接的な前身とする組織で、以降体制調整・名称変更を行いながら福岡県西方沖地震（2005年）、能登半島地震（2007年）、東日本大震災（2011年）など各地で災害が起きるたびに、復興やそれに関する活動に携わってきた。学術的な調査研究だけではなく、被災地再建のサポートをベースとして地域と向き合おうとする姿勢が、建築系農村計画における災害対応の特徴と言える。

　2023年度の日本建築学会大会では、「減災思考と実践」をテーマに研究協議会を実施した（主催：農村計画本委員会、減災集落計画小委員会）。討論に先立ちコメンテーターからは以下のような問題が提起された。

・災害に対する備えのフレームワークが防災から減災へシフトするなか、その考え方や仕組みを実際の「計画」にどのように反映させるのか（岡田知子・西日本工業大学名誉教授）
・人口減少社会における公共的な空間と場づくりの観点から、日常の地域活動の場と災害時の避難場所とをどう重ね合わせて計画していくか（斎尾直子・東京工業大学）

　また、研究協議会の資料集の総説では、計画学における減災の捉え方について次のような見解が述べられている。

・「『防』から『減』は、何を放棄するのかではなく、どのような繋がり方が総合的に重要かを考え続けるダイナミズムのことだと筆者は解釈している」(神吉紀世子・京都大学) [4]

　以上のような指摘は、現代における日本の災害対応および地域計画を取り巻く重要な論点である。今後、さらなる自然災害リスクの高まりが懸念されているなか、次世代に向けてどのような生活空間像を描けるのであろうか。
　これまで、当分野の研究者はそれぞれ地域との関わりを大切にしながら、生業を含む地域の生活とそれを支える空間に対する造詣を深め、論理的・客観的な見地から実践に資する知見の集積および提供に努めてきた。そこで見られるのは、地域の自然条件や住まう人々の価値観に基づき、それに相応する暮らしの環境を形成し、共同体として醸成してきたコミュニティの姿であり、また、それらが空間に表出された集住の風景である。その様相は一様ではなく個性的であり、時代の変遷に応じて移り変わってきた。これらのことを繋ぎ合わせて統合的に扱う計画理論を、減災の概念に内包できるのではと捉えている。言い換えると、減災の視座から地域の遠景を見据えることによって、持続的な将来像のひとつのかたちを展望することができる、その可能性があると考えているのである。
　また、農村計画における減災のシステムは集落に限定されるのではなく、流域圏に代表されるように都市部を含む広域的な関係性によっても構成される。普段は水利用や環境保全等の機能的なつながりを維持し、発災時には流域全体としてダメー

終章　減災の社会実装に向けて　**197**

ジを吸収・分散するような仕組みを構築するなど、広範な空間スケールを対象に扱うこともできる。災害と向き合う新たな地域づくりの概念・手法として、減災に対する理解が深まると共に進化し、多彩な生活様式・生活文化がこの先も継承されていくことを期待したい。

参考文献

1) 国立社会保障・人口問題研究所「日本の世帯数の将来推計（全国推計）（令和6（2024）年推計）―令和2（2020）～32（2050）年―」https://www.ipss.go.jp/pp-ajsetai/j/HPRJ2024/hprj2024_gaiyo_20240412.pdf
2) NHK「NHKスペシャル『無縁社会～"無縁死" 3万2千人の衝撃～』」2010年1月31日放送 https://www.nhk.or.jp/special/backnumber/20100131.html
3) 土木学会減災アセスメント小委員会「津波に対する海岸保全施設整備のための技術ガイドライン」2021年
4) 神吉紀世子「『減災集落計画学』の展望」『2023年度日本建築学会農村計画部門研究協議会資料　減災思考と実践―豪雨災害を乗り越える集住のレジリエンス』2023年

あとがき

　2024年7月下旬に奥能登を訪れた。空には無数のとんぼが飛び交い、鳥の鳴き声が方々から聞こえてくる。生態系の豊かさを実感する。同年元日の地震で大きな被害を受けたとある沿岸部の集落では、復興に向けて住民の話し合いが始まっていた。前を向いて歩もうとする話し合いの場だが、どうしても大きな課題が立ちはだかる。住宅が全壊しその日その日の暮らしだけで精一杯な生活状況、仕事と便利さを求めて地域から出た人がいること、子どもが減って募る将来への不安、人手不足に悩まされている伝統的なキリコ祭、住民の一言一言が胸に刺さる。他人事でいられない。

　我々は農村計画の研究者として、普段から農山漁村をフィールドとして研究調査をさせていただいている。各地の調査結果を持ち寄って、社会の変化に応じた農山漁村のあるべき姿について議論を続けてきたが、奥能登では集落の存続そのものが危ぶまれている。

　全国の多くの集落でも、住民やコミュニティの力だけで生活や環境を維持することが難しくなってきており、外の人間も何ができるかと考えなければいけない局面を迎えている。子どもや若者がいない集落はあまりにも寂しい。幸せに暮らせる集落の暮らしを描くことはできるのか、研究者に強く問われている。

　本書では、地域の小さな力を繋ぎ合わせ災害としなやかに付き合う住民の実践を噛み砕いて解説した。そのエッセンスを読み取っていただき、少しでも地域で抱えている不安を和らげ、前に進む力になれば嬉しい限りである。

　本書の出版にあたり、多くの方々のご支援とご協力をいただいた。まず、学芸出版社の古野咲月さんに心より御礼を申し上げる。構想から長い期間にわたる彼女の的確な助言ときめ細かい編集作業によって、本の質を大いに高めることができた。また、一般社団法人住総研からの出版助成は執筆の大きな支えとなった。直接お会いできなかっ本書の制作に携わってくれたすべての方々にも、この紙面を借りて感謝の意を表する。

　そして、我々の調査にご協力いただき、貴重な時間を惜しみなく提供してくださった地域の皆様に、心からの感謝の意を表する。現地の案内やヒアリングを通じて

得られた生の情報は、本書を執筆する上で欠かせないものであったし、皆様のご支援と励ましがあってこそ、本書の出版が実現した。本書が皆様のお役に立つことを願っている。

　本書の締めくくりにあたり、能登半島地震で被災された皆様に改めて、心よりお見舞い申し上げる。間垣の調査に協力いただいた輪島市大沢・上大沢集落でも被害を受けたとうかがっている。皆様の一日も早い復興と生活の再建を心から祈る。まちづくりに携わる者として、少しでもお力になれれば幸いである。

2024 年 8 月

著者代表　鈴木孝男

著者紹介

●編著者

鈴木孝男（すずき・たかお）‥‥‥‥‥‥‥‥‥‥‥‥‥‥‥‥‥‥‥‥‥‥ 序章、1-2-06、1-3-09、2-2-09、3-3-07、あとがき
新潟食料農業大学食料産業学部教授。1971年秋田県生まれ。同志社大学大学院修了。博士（政策科学）。地域計画や農村計画を専門として、持続可能な農山村地域の暮らしや生業のあり方について、住民、行政らとの実践を通じた研究に従事している。共著書に『地域コミュニティの再生と協働のまちづくり』（河北新報出版センター）、『地域コミュニティの支援戦略』（ぎょうせい）、『震災復興から俯瞰する農村計画学の未来』（農林統計出版）など。

菊池義浩（きくち・よしひろ）‥‥‥‥‥‥‥‥‥‥‥‥‥‥‥‥‥‥ 2-2-05、2-3-12、3-2-05、終章
仙台高等専門学校総合工学科准教授。1978年岩手県生まれ。東北工業大学大学院修了。博士（工学）。岩手大学地域防災研究センター特任助教、兵庫県立大学大学院地域資源マネジメント研究科講師などを経て、2021年から現職。専門は農村計画、都市計画で、東日本大震災後は復興計画に関する研究に従事。釜石市東日本大震災検証委員会委員、新但馬地域ビジョン検討委員会委員などを務める。共著書に『農村計画研究レビュー2022』（筑波書房）など。

友渕貴之（ともぶち・たかゆき）‥‥‥‥‥‥‥‥‥‥‥‥‥‥‥‥ 2-1-01、3-2-06、3-3-09、終章
宮城大学事業構想学群助教。1988年和歌山県生まれ。神戸大学大学院修了。博士（工学）。東日本大震災の復興過程では、「失われた街」模型復元プロジェクトや気仙沼市唐桑町大沢地区の集落復興（2021年日本建築学会賞）を通じて住民を主体とした復興まちづくりに取り組む。共編著書に『ソーシャルイノベーションの教科書』（ミネルヴァ書房）、『地域共創型実践教育・入門』（北樹出版）。

後藤隆太郎（ごとう・りゅうたろう）‥‥‥‥‥‥‥‥‥‥‥‥‥‥ まえがき、序章、1-1-02、3-1-01
佐賀大学理工学部建築環境デザインコース教授。1970年大阪府生まれ。佐賀大学大学院修了。博士（工学）。地域の自然・生活文化に立脚した住まい・集住空間の研究に従事。共著書に『バリ島巡礼』（鹿島出版会）、『集住の知恵』（技報堂出版）、論文・報告に『東日本大震災合同調査報告 建築編9 集落計画』（編集・分担執筆、日本建築学会）、「有明海沿岸低平地における集住空間の形成と発展に関する研究」など。

下田元毅（しもだ・もとき）‥‥‥‥‥‥‥‥‥‥‥‥‥‥‥‥‥‥‥‥‥‥‥‥ 1-3-07、1-3-08、3-1-02
大手前大学建築＆芸術学部講師。1980年静岡県生まれ、広島県育ち。大阪芸術大学大学院芸術制作研究科環境・建築領域博士後期課程修了。博士（芸術）。風土建築設計集団主宰、大阪大学大学院工学研究科建築・都市計画論領域助教などを経て、現職。

林和典（はやし・かずのり）‥‥‥‥‥‥‥‥‥‥‥‥‥‥‥‥‥‥‥‥‥‥‥‥‥‥ 1-1-01、3-2-04
近畿大学生物理工学部人間環境デザイン工学科建築・地域計画研究室助教。1995年東京都生まれ、奈良県育ち。奈良県立奈良高等学校卒業、大阪大学工学部地球総合工学科卒業、同大学大学院工学研究科地球総合工学専攻博士後期課程修了。博士（工学）。独立行政法人日本学術振興会特別研究員（DC）を経て、現職。専門は近現代の地域形成史。特に林業・木材産業に関わる地域を対象に、地域計画や災害対応への活用を目指している。

江端木環（えばし・もわ）‥‥‥‥‥‥‥‥‥‥‥‥‥‥‥‥‥‥‥‥‥‥‥‥‥‥‥‥ 1-2-05、3-3-08
京都女子大学家政学部助教。1994年兵庫県生まれ。大阪大学大学院工学研究科建築・都市計画論領域博士後期課程修了。博士（工学）。尾鷲市地域おこし協力隊を経て、現職。

●著者

沼野夏生（ぬまの・なつお）‥‥‥‥‥‥‥‥‥‥‥‥‥‥‥‥‥‥‥‥‥‥‥‥‥‥‥‥‥‥ 1-1-03
東北工業大学名誉教授。1947年山形県生まれ。東北大学大学院工学研究科建築学専攻博士課程修了。工学博士。専門は条件不利地域の地域計画。防災科学技術研究所、岩手県立大学、東北工業大学を経て、現職。著書に『雪害』（森北出版）、『雪国学』（現代図書）、共著書に『図説集落』（都市文化社）、『雪かきで地域が育つ』（コモンズ）、『震災復興から俯瞰する農村計画学の未来』（農林統計出版）など。

浅井秀子（あさい・ひでこ）··· 1-2-04
鳥取大学工学部社会システム土木系学科教授。1961 年鳥取県生まれ。島根大学総合理工研究科博士後期課程修了。博士（工学）。建築設計事務所、鳥取短期大学、2011 年より鳥取大学工学部准教授を経て、2024 年より現職。中山間地域における自然災害や人口減少に対して地域再生の視点を取り入れた生活再建がテーマ。共著書に『2000 年鳥取県西部地震災害調査報告書・2001 年芸予地震災害調査報告書』（日本建築学会）、『住むことは生きること』（東信堂）、『東日本大震災合同調査報告』（丸善出版）など。

岡田知子（おかだ・ともこ）·· 1-3-10、3-2-03
西日本工業大学名誉教授。大阪府生まれ。大阪市立大学大学院修了。博士（学術）。2021 年西日本工業大学を定年退職。「人々の心をひとつにまとめてきた集住のしくみ」が研究テーマ。共著書に『集住の知恵』（技報堂出版）、『フィールドに出かけよう！』（風響社）、『東アジア・東南アジアの住文化』（放送大学教育振興会）、『住み継がれる集落をつくる』『少人数で生き抜く地域をつくる』（学芸出版社）など。

佐藤栄治（さとう・えいじ）··· 2-1-02、2-2-07
宇都宮大学地域デザイン科学部建築都市デザイン学科・教授。1976 年大分県生まれ。東京都立大学大学院工学研究科修了、博士（工学）。日本学術振興会特別研究員（DC・PD）、厚生労働省国立保健医療科学院を経て、2010 年宇都宮大学に着任、2024 年 4 月より現職。共著書に『コンパクトシティ再考』（学芸出版社）・受賞歴に都市住宅学会優秀博士論文賞、住宅総合研究財団研究奨励、日本建築学会奨励賞、日本公衆衛生雑誌優秀論文賞など。

本塚智貴（もとづか・ともき）·· 2-1-03、2-1-04
明石工業高等専門学校建築学科准教授。1982 年奈良県生まれ。和歌山大学システム工学部環境システム学科卒業、同大学大学院システム工学研究科前期課程修了、京都大学大学院工学研究科都市環境工学専攻博士後期課程修了。博士（工学）。和歌山大学防災研究教育センター特任助教、阪神・淡路大震災記念人と防災未来センター研究部研究員を経て、現職。専門は地域の特色を活かしたまちづくりや災害対応。趣味は裏道散策。

田澤紘子（たざわ・ひろこ）··· 2-2-06
東北芸術工科大学デザイン工学部企画構想学科専任講師。1982 年山形県生まれ。千葉大学自然科学研究科博士前期課程修了。民間企業勤務を経て、2009 年より公益財団法人仙台市市民文化事業団に勤務し、東日本大震災以降は、被災した地域の生活文化を可視化する「RE: プロジェクト」をはじめ、地域資源に焦点を当てた住民参加型プロジェクトを企画・運営。また、東日本大震災で被災した現地再建地区の地域づくりを支援。2023 年 4 月より現職。

田中暁子（たなか・あきこ）··· 2-2-08、2-3-10
公益財団法人後藤・安田記念東京都市研究所主任研究員。1978 年東京都生まれ。東京大学大学院工学系研究科都市工学専攻博士課程修了。博士（工学）。公益財団法人後藤・安田記念東京都市研究所にて都市問題・地方自治に関する調査・研究業務に従事。共著書に『まちをひらく技術』（学芸出版社）、『津波被災集落の復興検証』（萌文社）など。

澤田雅浩（さわだ・まさひろ）·· 2-3-11、2-3-13
兵庫県立大学大学院減災復興政策研究科准教授。1972 年広島県生まれ。慶應義塾大学大学院政策・メディア研究科後期博士課程単位取得退学。博士（政策・メディア）。長岡造形大学建築・環境デザイン学科准教授などを経て、2017 年より現職。2004 年に発生した新潟県中越地震の被災地で、緊急対応から集落の復興に至るプロセスに継続的に関与。新潟県中越大震災復興検証にも携わる。長岡震災アーカイブセンターきおくみらい館長。

以下は、公益財団法人大林財団の助成を得て実現した調査をもとに執筆した。

[1章]
05　強風と日差しから集落を守る垣根 ──間垣（潮風・遮熱対策）／石川県輪島市上大沢集落
06　厳冬を乗り切るための住宅を守る茅柵 ──かざらい（寒風雪対策）／山形県飯豊町
08　生業と共に発展した延焼を防ぐ家の設え ──うだつ（防火）／徳島県美馬市脇町
09　私有地を提供し合ってつくる歩行空間 ──とんぼ（防雪・遮光）／新潟県阿賀町津川
10　水との戦いの中で生み出された創意と工夫 ──輪中（水害対策）／濃尾平野

[3章]
01　被災を前提として町の資源と未来をつくる ──津波避難タワー・防災ツーリズム／高知県・徳島県
04　災害伝承媒体としてのインフラと祭り ──津浪祭／和歌山県有田郡広川町
05　度重なる被災経験から生まれた年中行事 ──千度参り／兵庫県豊岡市田結地区

事例でみる 住み続けるための減災の実践

暮らし・コミュニティ・風景を地域でつなぐ手法

2024 年 9 月 25 日　第 1 版第 1 刷発行

編著者 ⋯⋯⋯ 鈴木孝男・菊池義浩・友渕貴之・後藤隆太郎
　　　　　　下田元毅・林 和典・江端木環
著　者 ⋯⋯⋯ 沼野夏生・浅井秀子・岡田知子・佐藤栄治
　　　　　　本塚智貴・田澤紘子・田中暁子・澤田雅浩

発行者 ⋯⋯⋯ 井口夏実
発行所 ⋯⋯⋯ 株式会社 学芸出版社
　　　　　　〒 600-8216 京都市下京区木津屋橋通西洞院東入
　　　　　　電話 075-343-0811
　　　　　　http://www.gakugei-pub.jp/
　　　　　　E-mail　info@gakugei-pub.jp

編　集 ⋯⋯⋯ 古野咲月

装　丁 ⋯⋯⋯ 美馬智
印　刷 ⋯⋯⋯ イチダ写真製版
製　本 ⋯⋯⋯ 新生製本

ⓒ鈴木孝男ほか 2024　　　　　　　　　　　　　　Printed in Japan
ISBN978-4-7615-2913-0

JCOPY〈㈳出版者著作権管理機構委託出版物〉
本書の無断複写（電子化を含む）は著作権法上での例外を除き禁じられています。複写される場合は、そのつど事前に、㈳出版者著作権管理機構（電話 03-5244-5088、FAX 03-5244-5089、e-mail: info@jcopy.or.jp）の許諾を得てください。
また本書を代行業者等の第三者に依頼してスキャンやデジタル化することは、たとえ個人や家庭内での利用でも著作権法違反です。

好評発売中

歴史に学ぶ 減災の知恵
建築・町並みはこうして生き延びてきた

大窪健之 著
四六判・200 頁・本体 2000 円+税

歴史的な町並みには、統一感のある美しさがある。しかし一方で、これらは、自然災害から身を守り暮らすなかで、工夫し、積み重ねてきた知恵の結晶とも言えるものだ。地震、火災、水害、風害等に対してうまく防御する技術がない時代に、それらを受け流すことで生き延びてきた昔の人たち。震災後の今こそ、その知恵に学びたい。

トイレからはじめる防災ハンドブック
自宅でも避難所でも困らないための知識

加藤篤 著
四六判・192 頁・本体 2000 円+税

災害とトイレについての基本知識から、家庭や職場ですぐにできる備え、集合住宅や地域で協力したい対応のポイント、避難所での時間を快適に保つ工夫について、トイレ衛生の専門家が解説。家庭や職場で備えたい方から、地域の防災リーダーや行政・企業の防災担当者まで、健康と生活を守るために1冊必携のハンドブック。

少人数で生き抜く地域をつくる
次世代に住み継がれるしくみ

佐久間康富・柴田祐・内平隆之 編著
A5 判・176 頁・本体 2300 円+税

農山村地域をはじめ日本全国で人口減少が止まらない。本書では、現状にあらがうのではなく受け入れて、少人数でも暮らしを持続する各地の試みを取りまとめた。なりわいの立て直し、空き家活用、伝統・教育・福祉を守る、ネットワークの仕組みなど多角的な切り口で、地域住民と外部人材の双方による世代の継承を展望する。

住み継がれる集落をつくる
交流・移住・通いで生き抜く地域

山崎義人・佐久間康富 編著
A5 判・232 頁・本体 2400 円+税

地方消滅が懸念され、地方創生の掛け声のもと人口獲得競争とも取れる状況があるが、誰がどのように地域を住み継いでいくのか、その先の具体的なビジョンは見えにくい。本書は、外部との交流や連携によって地域の暮らし、仕事、コミュニティ、歴史文化、風景を次世代に継承している各地の試みから、生き抜くための方策を探る。